U0624457

科技特派员制度实践与思考

——福建省农业科学院科技特派员二十年

余文权　主编

中国农业出版社

北京

编 委 会

主　编：余文权

副主编：陈裕德　张海峰　张明辉

编　者：王振康　吴飞龙　吴建设　吴敬才

　　　　吴志源　薛珠政　应正河　余德亿

　　　　张文锦　赵　健　江　斌　李文杨

　　　　林戎斌　林旭晨　罗土炎　邱永祥

　　　　苏　晖　苏海兰　王隆柏　王长方

　　　　陈德局　陈山虎　陈义挺　陈永聪

　　　　陈钟佃　池丽丽　葛慈斌　韩立芬

　　　　洪建基　黄新忠

前　言

　　发端于福建、发源于南平的科技特派员制度，是习近平总书记在福建工作时总结基层实践、科学深化提升、大力倡导推动的重要农村工作机制。1999年2月，南平市选派225名科技人员到乡村开展科技服务，这225名科技人员就是全国首批科技特派员。科技特派员制度的核心是高位嫁接、重心下移，通过引导各类科技创新创业人才和团队，整合科技、信息、资金、管理等现代生产要素，深入农村基层一线开展科技创业和服务，与农民建立"风险共担、利益共享"的共同体，通过科技示范、项目带动和技术引领，"做给农民看、领着农民干、带着农民赚"，激发"三农"发展的内生动力，打通科技兴农的"最后一公里"。

　　自创立伊始，科技特派员制度就深受基层干部和群众的欢迎，实现了搞活基层、用活人才、激活发展的多赢效应，并得到联合国开发计划署等国际组织的高度评价，作为中国经验向其他发展中国家推介。2012年起，科技特派员工作8次写入中央1号文件。2016年国务院出台《关于深入推行科技特派员制度的若干意见》，首次在国家层面对科技特派员工作作出制度安排，科技特派员工作进入了全面发展阶段。

2019年10月，全国科技特派员制度推行20周年总结会议在北京召开，习近平总书记作出重要指示，科技特派员制度推行20年来，坚持人才下沉、科技下乡、服务"三农"，队伍不断壮大，成为党的"三农"政策的宣传队、农业科技的传播者、科技创新创业的领头羊、乡村脱贫致富的带头人，使广大农民有了更多获得感、幸福感。习近平总书记强调，创新是乡村全面振兴的重要支撑。要坚持把科技特派员制度作为科技创新人才服务乡村振兴的重要工作进一步抓实抓好。广大科技特派员要秉持初心，在科技助力脱贫攻坚和实施乡村振兴战略中不断作出新的更大的贡献。习近平总书记的重要指示，是新时代深入推进科技特派员制度的根本遵循和行动指南。

福建省农业科学院作为福建省唯一的省属农业科研单位，二十多年来，始终主动融入和坚持推行科技特派员制度，产生了大量催人奋进的典型案例和宝贵经验，涌现出许多富有感染力和召唤力的模范人物，为福建省"三农"事业发展和实施乡村振兴战略作出了较大贡献。

本书紧紧围绕党中央关于"三农"工作的决策部署，针对现代农业发展和乡村振兴、脱贫攻坚等时代主题，就深入推行科技特派员制度进行了理论思考，提出了以科技特派员为抓手，加强科技与产业发展，农业增效、农民增收紧密结合，构建科技特派员工作新格局的思路、路径和举措。本书还对福建省及福建省农业科学院推行科技特派员制度二十年来的做法经验做了总结和提炼。通过福建省农业科学院28个科技特派员典型人物和模范集体的事迹介绍，全景展现了福建省农业科学院科技人员积极投身科技特派员事业，以示范推广农业良种良法为核心，以先进成果转移转化为纽带，为实施乡村振兴战略和打赢脱贫攻坚战提供坚实科技支撑的群体形象。

2020年，是决胜决战脱贫攻坚和全面建成小康社会的收官之年，也是深入实施乡村振兴战略的关键之年。新时代、新气象、新作为、再出征。科技特派员工作必须沿着党中央指引的路线和方向，增强"四个意识"、坚定"四个自信"，坚持质量兴农、绿色兴农、科技兴农，"把论文写在大地上，把成果留在农民家"，让科技兴农的大旗高高飘扬在八闽乡村。为实现乡村振兴战略提供科技支撑的目标作出新的更大的贡献！也希望本书的出版，能给广大农业科技工作者、农民群众和更多阅读者带来有价值的思考、启迪和帮助。

目　录

构建新时代科技特派员制度新格局

余文权

2019年10月21日,全国科技特派员制度推行20周年总结会议在北京召开。科技特派员制度是习近平总书记在福建工作时总结基层实践、科学深化提升、大力倡导推动的重要农村工作机制,是市场经济条件下破解"三农"发展问题的创新之举。二十年来,科技特派员制度已成为国家的一项重大制度安排和工作部署。广大科技特派员坚持深入农村实际,积极服务"三农"发展,取得了显著成效。科技特派员与生俱来的制度优势和不断完善的工作机制,在新时代背景下愈发彰显旺盛生命力,需要我们不断加以坚持和深化。

回望:二十年星火燎原

作为科技特派员制度的策源地,福建省委、省政府历来高度重视科技特派员工作,将科技特派员制度作为农业农村现代化建设的重要推力,推动全省科技特派员工作始终走在全国的前头。

二十年来,福建省科技特派员工作队伍不断壮大。据省科技厅统计,二十年来,全省共派出科技特派员16 348人次。2019年,省级科技特派员已基本实现全省乡镇全覆

1

盖。服务领域涵盖了全省十大特色农业产业，并向第二、第三产业延伸。仅由省级科技特派员领办创办的企业和专业合作社就有5 298家。

二十年来，福建省科技特派员工作机制不断创新。已形成"科技＋书记""科技＋能人""科技＋协会""科技＋金融""科技＋流通""科技＋龙头企业＋基地＋小农户（贫困农户）"等多种服务模式，全面提升了乡村产业规模和发展层次。2017年福建省政府出台《关于深入推行科技特派员制度的实施意见》，2019年省委办公厅、省政府办公厅印发了《关于新时代坚持和深化科技特派员制度的实施意见》，进一步强化了福建省科技特派员工作的制度保障。

二十年来，福建省科技特派员工作成效不断凸显。科技特派员围绕发展区域特色优势产业，建立科技示范基地、科技示范大户、科技示范企业，组建产业服务组织，将技术、信息、资金、管理等现代生产要素植入农村。特别是近年来，福建省推动科技特派员服务和产业要素有效嫁接、共生融合，促进科技服务向生产、加工、检测、流通、销售等全链条、全要素服务延伸，促进乡村新产业、新业态的形成。通过全体科技特派员的辛勤付出，习近平总书记当年在福建工作时，倡导支持培育的水产、竹林、水果、畜禽、蔬菜等产业的年产值现均超千亿元。

以福建省农业科学院为例，作为福建省科技特派员派出时间最早和人数最多的单位之一，二十年来，始终紧紧围绕党中央和省委省政府的决策部署，围绕政府、社会、百姓三个层面的需要，主动融入科技特派员工作实践，通过坚持"组织推荐与个人自愿""个体服务与团队服务""产业需求与服务供给""项目带动与平台示范""培训农民和培育主体""落实政策与创新机制"六个有机结合，担当全省科技特派员制度的生力军，为促进福建省"三农"发展作出了积极贡献。

思考：靶向痛点，精准施策

总体上看，福建省科技特派员工作已取得了显著成效，较好地发挥了科技第一生产力、创新第一动力、人才第一资源的作用，为乡村产业发展和农民增收提供了科技支撑。但随着中国特色社会主义现代化建设事业的阔步向前和创新驱动战略、乡村振兴战略的深入实施，科技特派员工作现状与现代农业高质量发展的要求，与广大农民群众对美好生活的期盼还有一定差距。福建省科技特派员工作提质增效、提升作为还面临一些问题和挑战，主要表现在：科技特派员数量较多，但整体服务能力还不够均衡；科技特派员成果不少，但创新驱动还不够明显，供需对接还不够紧密，乡村内生动力依然不足；鼓励政策不少，但制度执行不够到位，激励体系有待改进，具有全国影响力的品牌项目、重点工程还不多。

坚持和深化科技特派员制度，要注重四个"坚持"：

一是坚持以人民为中心。始终遵循党的"三农"工作总方针，组织动员更多科技人员加入科技特派员队伍，积极投身"三农"一线和乡村振兴、脱贫攻坚工作主战场，进一步密切与农民群众的血肉连系，做有用的科学研究、

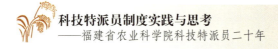
高效的科技服务。打造一支真正"下得去、留得住、干得好"的科技特派员队伍。

二是坚持以问题为导向。着眼乡村产业振兴的重点、短板和弱项，加快生成核心成果与关键技术，突破农业重大领域发展瓶颈制约，加强高质量科技供给，引导农业绿色发展、高质量发展。实现科技特派员人才链、创新链、价值链、成果链与产业链"无缝衔接"，形成一个"全覆盖、全方位、全过程"的科技特派员运行体系。

三是坚持以项目为抓手。打好全要素集成的"组合拳"，将优势资源合理配置，导入农村，推进产业链条的垂直整合和产业环节的技术集成，形成科技服务合力，搭建一个支撑乡村振兴的"大产业、大项目、大融合"的科技特派员创新创业平台。

四是坚持以创新为动力。深化经验总结和实践探索，紧追时代发展步伐，以改革的精神不断完善科技特派员激励机制，激发科技特派员在乡村创新创业创造的积极性。使科技特派员将科研事业与产业经济深度融合，将个人抱负与农村发展紧紧相连，将个人成长与农民致富携手并进，实现产业共同体、利益共同体"两个共同体"。

赋能：内外兼修，深化新时代科技特派员制度

坚持和深化科技特派员制度，要注重三个"围绕"：

一是围绕"人的素质提升"，持续加强科技特派员队伍建设。深入推行科技特派员制度关键在人。农村基层和生产一线，需要更多"懂农业、爱农村、爱农民"的科技

特派员沉下身子、创新创业。加大选派力度。根据全省乡村振兴和脱贫攻坚的新要求，加强组织发动，稳定一支省级科技特派员队伍。广开渠道，广泛吸纳更多新乡贤、企业家、返乡创业大学生等各行各业的人才投身科技特派员事业。优化选派方式。通过定向、订单选派的方式，做到双向选择、按需选派、精准对接。继续组织实施好"省级扶贫开发工作重点县人才支持计划科技人员专项计划"，优先选派基层必需、急需的科技人员，巩固脱贫攻坚成果。坚持跨界别、跨区域选拔高水平省级科技特派员，加速推动乡村振兴各要素在农村的流动。特别以拓宽台胞台企来闽就业创业为导向，吸引更多的台胞台企来闽开展科技创业和技术服务。提升能力建设。充分发挥各类培训主体的作用，探索科技特派员"学分制"培训成长计划。帮助科技特派员熟练掌握农村政策，不断提高专业技能，增强团结协作、调查研究和做好群众工作的本领。加强科技特派员队伍应用数字技术的能力培训，加大数字+服务新手段、新平台的广泛应用，解决当前普遍存在的科技特派员服务对象多、服务时间少影响服务水平的问题。

二是围绕"科技支撑引领"，进一步健全科技特派员服务体系。围绕全省十大乡村特色产业发展和现代农业"五千工程"，推进科技特派员工作与农业重点县、现代农业园区和新型农业经营主体紧密结合。强化项目带动。围绕区域特色农业发展，重点在现代种业、农业绿色增产关键技术、区域生态农业、农产品加工、智慧农业、农业废弃物资源化利用及乡村环境治理等方面生成一批重大科研或技术推广项目，突破一批产业关键共性技术瓶颈，创制一批高质量科研成果。推动质量兴农、绿色兴农、品牌强农。强化示范引领。围绕科技示范园区和示范基地建设，以良种良法为核心，以成果转移转化为纽带，把创新链、服务链根植在产业链上。发挥农业产业化重点龙头企业示范带动作用，注重服务农民合作社和家庭农场两类经营主体的发展，帮助更多小农户加入产业链条，实现小农户和现代农业的有效衔接。积极开展新型职业农民培训，为科技特派员和"乡创客""田秀才"提供专业化、社会化、便捷化的创业平台，加快培育农业农村发展新动能。强化集团服务。围绕培育全国特色产业百亿强县、特色产业强县强镇、特色农产品优势区和省级特色乡镇、乡村振兴示范村建设，建立"科技特派员集团服务"模式，突出规模效应、集团优势和融合活力，以县为单位，加强农、林、水及各行业科技特派员队伍力量统筹，打造一批科技特派员集团服务示范区。新时代特别要集聚科技"火力"，加大政科企、产学研融合，精心建设一批产业研究院，实现农业科技新成果"即创即转、即创即推"。

三是围绕"机制导向导引"，不断释放科技特派员创新创业活力。强化正向激励，拓展科技特派员作为空间，放大科技特派员的制度效应。完善评价机制。健全以创新能力、产业贡献和服务发展为主要标准的科技特派员评价体系。对长期扎根基层一线，在科技服务中作出重大贡献、成果转化取得突出业绩，或得到国家部委和省委省政府表彰表扬的科技特派员，在职称评聘、职务晋升上给予重点倾斜。对责任心差、虚挂假挂的，及时终止选派，设立一年留观期，期内不得选任科技特派员，核减相关待遇，让科技特派员"干与不干不大一样""干好干坏大不一样"。完善激励机制。进一步规范离岗在岗创业、技术服务收益分配以及利益共享机制。发挥市场在资源配置中的决定性作用，鼓励科技特派员以技术和成果为纽带，与农业新型经营主体结成利益共同体，实现互利共赢、名利双收。吸引商业企业、金融机构、专业协会等相关专业团队加入科特派利益共同体，共同孵化科技特派员创新创业成果。加强表彰宣传。建立健全科技特派员先进事迹宣传平台，全面展示优秀科技特派员风采。每年度对科技特派员进行表彰，倡导一年一次应用巡讲的模式，宣传科技特派员服务"三农"的好人好事；在各级优秀共产党员、劳动模范、先进工作者、感动人物等评先评优中推荐优秀科技特派员，营造全社会重视、支持科技特派员的浓厚氛围。

福建省农业科学院推行科技特派员制度二十年实践总结

推行科技特派员制度二十年来，福建省农业科学院始终坚持人才下沉、科技下乡、服务"三农"，通过搭建有利于发挥科技特派员作用的人才、项目、平台、机制等三农服务综合支持体系和支撑系统，以农业绿色发展高质量发展为工作方向，以培育现代农业产业体系和新型农业经营主体为工作目标，以"科技下乡、精准扶贫、科技培训"为三条主线，紧紧扭住产业问题导向与农村技术需求，促进科研创新导向转变与重心调整，为福建省"三农"事业发展和实施乡村振兴战略作出较大贡献。

"不忘科技为民初心、牢记服务三农使命""把论文写在大地上、把成果送到百姓家"

二十年来，福建省农业科学院先后选派个人科技特派员3 220多人次，覆盖了全省90%的县（市、区）和全部的贫困县，连续多年保持全省选派科技特派员人数最多单位的光荣称号。实施产业发展和科技扶贫项目3 300多个，示范推广新品种、新技术、新成果7 500多个，帮助解决区域农业重大、关键、共性技术问题和企业生产难题9 000多个，建立科技示范基地、示范点1 200多个，每年培训农民100多万人次，累计创造社会经济生态效益逾

100亿元，有力地助推了各地特色农业产业发展和脱贫攻坚工作，得到了各级党委政府的肯定，深受广大农民群众的好评。

二十年科技特派员的成功实践，福建省农业科学院产生了大量催人奋进的典型案例和宝贵经验

先后培育了南平科技兴农工作队、晋安区农业科技专家大院、科技下乡"双百"行动、闽宁合作科技特派员产业扶贫、"圆梦村"科技特派员工作站、科技服务团队等典型经验，探索创新了"科技特派员＋重点县＋示范基地""科技特派员＋新型农业经营主体＋贫困户"等服务模式，在全省乃至全国打响了福建省农业科学院科技特派员工作品牌。

二十年科技特派员的成功实践，福建省农业科学院涌现出一大批富有感染力和召唤力的模范人物

如科特派南平机制首批践行者，二十年变换岗位不换科技特派员身份的吴敬才同志；每年扎根基层300天左右、潜心钻研稀缺中药材"七叶一枝花"的苏海兰同志；走遍建宁、清流等落叶果树产业重点县，助推闽西北黄花梨果业转型升级的黄新忠同志等。他们不负科技特派员的光荣称谓，长期奔走在基层一线，为乡村振兴和"三农"发展辛勤耕耘，矢志不渝、勇往直前，因为他们有一个共同心愿：让农业农村插上科技的翅膀，让农民群众过上好日子。

二十年科技特派员的成功实践，福建省农业科学院形成了"六个方面"的基本思路和工作路径

一是坚持组织推荐与个人自愿有机结合。坚持按需选派、双向选择、突出重点、保证质量的原则，严格选派科技特派员。根据全省科技特派员选派条件要求，福建省农业科学院组建了由270名具有一定基层工作经验科技人员参与的高素质科技特派员队伍，其中高级职称占49%。在开展调研了解各地产业发展和重大技术需求情况，特别是征集农业重点县、新型农业经营主体关键技术需求的基础上，通过职能处室"引"、科技人员自愿"领"、研究所与基层科技部门双向"派"，做到组织推荐和个人自愿相结合，实现了专业对口、各得其所、人尽其才。

二是坚持个体服务与团队服务有机结合。根据全省发展农业十大"千亿产业"的要求，在充分发挥科技特派员个体作用的同时，组建16个法人科技特派员、35个团队科技特派员，在光泽县、延平区、永安小陶镇等开展科技特派员集团服务试点，推动科技特派员服务由第一产业向第二、第三产业拓展，促进"三产"融合发展。数字研究所牵头在光泽县实施"互联网+生态食品产业链关键技术开发应用"重大科技项目，建设光泽生态食品产业链信息服务平台，实现水稻、畜牧、水产、蔬果、茶叶、中药材、物流七大产业服务全程信息化，为光泽县建设中国生态食品城、打造"数字光泽"打下坚实的基础。福建省农业科学院与延平区共建的全省首个科技特派员集团服务试

验示范区，有7个研究所、8个团队30多位科技特派员到试验示范区，开展果蔬、花卉、食用菌、水产等产业科技服务。

三是坚持产业需求与服务供给有机结合。积极推进院地合作，建立院所连系国家和省现代农业示范园区、重点县服务机制，先后与3个设区市、22个特色农业及扶贫开发重点县签订了战略合作协议，每个重点县由一个研究所牵头对接，根据当地特色农业产业的需求，筛选了具体合作项目，选派了相应的科技特派员持续开展科技服务，助推了宁化县河龙贡米、屏南县高山蔬菜、政和县猕猴桃、云霄县枇杷和淮山、长汀县食用菌等地方特色产业发展壮大。水稻团队科技特派员依托谢华安院士领衔的河龙贡米院士工作站，建立了3个优质稻核心示范片，主推5个优质稻新品种面积5 000多亩1[*]，还通过推广稻田彩绘艺术，扩大河龙贡米品牌影响力。作物研究所连续十多年挂钩屏南县，帮助引进蔬菜新品种33个，推广"轮作+施用有机肥+土壤消毒+化防"综合防治技术模式，有效地解决了花菜根肿病连作障碍的生产问题，有力地推动了屏南高山蔬菜产业发展，全县蔬菜面积稳定在13万亩左右，对农民人均收入贡献比例达35%以上。畜牧兽医研究所在建宁县客坊乡推广山羊舍饲关键配套新技术，并与企业共同创建了"12345"扶贫新模式，带动当地106个农户发展黑山羊脱贫致富。

---

    * 亩为非法定计量单位，1亩=1/15公顷。——编者注

四是坚持项目带动与平台示范有机结合。福建省农业科学院每年实施农业科技服务项目近400个，在全省建立了100家科技示范基地，注重引导科技特派员领衔科技服务项目，依托科技示范基地，提升科技服务实效。生物资源所帮助德化县英山珍贵淮山合作社实施科技示范项目，建立淮山生产科技示范基地，筛选推广3个淮山新品种和浅生槽定向栽培良好生产技术，结合套种竹荪，淮山每亩增产500千克、出产干竹荪60千克，实现增收上万元，不仅带动1 000多农户种植淮山1 500亩，而且发展成为国家级示范合作社，合作社创办的加工企业产值超亿元。农业生态研究所与畜牧兽医研究所组成的团队科技特派员围绕长汀河田鸡特色产业，在河田镇兰秀家庭农场实施科技精准扶贫项目，通过不同功能性草资源搭配组合，建立河田鸡林下生态种养示范基地，并帮助组建香草家禽专业合作社，免费向贫困户提供鸡苗、技术培训、产品销售等服务，带动了60多户贫困户实现精准脱贫。

五是坚持培训农民和培育主体有机结合。在开展科技服务中，既注重抓好面上的科技推广普及工作，又重点培育新型农业经营主体，增强农村创新创业的新动能。2009年以来，坚持每月开展一次农村实用技术远程培训，科技特派员还经常深入田间地头举办培训班，每年培训农民100万人（次）以上，提高了农民科学种养水平。积极开展科企协作，科技特派员与近千家农业龙头企业、农民合作社保持长期协作关系，建立了科企联合创新中心46家、产业研究院2家，有力地促进科技成果转化运用，提升了龙头企业市场竞争力。22个科技服务团队成立1年多来，主动服务龙头企业等新型经营主体285个，培养了各级农村青年致富带头人50多人次、服务返乡创业青年（大学生）120多人。农业工程研究所科技特派员连续十多年对接服务福建星源农牧科技股份公司，建立了农牧生态循环农业技术集成模式，得到了农业农村部部长韩长赋的充分肯定，公司被评为国家现代农业示范区畜禽养殖示范基地，发展成为省级农业产业化龙头企业，年产值突破3亿元。茶叶研究所、作物研究所帮助古田县鹤塘明艳茶叶合作社实施科技扶贫项目，引种农科院自主选育的3个大豆新品种，建立豆–菌–茶融合绿色循环生产模式，实现了提质增效。合作社年经营收入从25万元发展到现在的150万元，理事长余海燕也被评为全国农村青年致富带头人、福建青年五四奖章标兵。

六是坚持落实政策与创新机制有机结合。认真贯彻落实国家和省科技特派员各项政策措施，按照"放管服"的要求，建立健全福建省农业科学院科技服务激励机制，先后出台了关于深入推行科技特派员制度的实施意见、科技成果转化管理办法、科技服务奖励办法等政策文件，创新利益保障、导向激励和考核评价机制，明确鼓励科技特派员与企业结成利益共同体，明确规定成果转化或技术服务收益按科技人员70%、研究所15%、农业科学院15%的比例进行分配，明确将技术推广奖纳入科技奖励办法范畴，明确科技服务团队与科技创新团队的首席专家、岗位专家同等待遇，同时大幅度提高了科技服务团队和个人

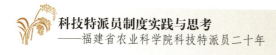
年度评先评优名额、奖励额度等，这些政策措施调动了科技特派员下基层创新创业、到农村服务发展的积极性和创造性。

　　乡村振兴的号角已经吹响，现代农业的科技浪潮正在广袤乡村蓬勃兴起。随着2016年国务院出台《关于深入推行科技特派员制度的若干意见》，首次在国家层面对科技特派员工作做出制度安排，科技特派员工作进入了全新发展的历史阶段。福建省农业科学院全体科技特派员，将牢记习近平总书记的嘱托，贯彻落实党中央、国务院和福建省委省政府的决策部署，持续深入实施好乡村振兴战略，为实现"两个一百年"的奋斗目标，为建设机制活、产业优、百姓富、生态美的新福建，担当作为、笃力前行！

新时代科技特派员制度的几点思考

  科技特派员制度是习近平总书记在福建工作时深入总结基层实践、科技深化提升、大力倡导推进的一项十分重要的"三农"工作方法，也是一项源于基层探索、群众需要、实践创新的制度安排，主要目的是引导各类创新创业人才和单位，整合科技、信息、资金、管理等现代生产要素，深入农村基层一线开展科技创业与服务，与农民建立"风险共担、利益共享"的共同体，推动农村创新创业深入开展。党的十八大以来，以习近平同志为核心的党中央高度重视"三农"工作，出台了一系列重大举措，有力推动农业农村的发展，特别是党的十九大把乡村振兴提升为国家战略，提出实现农业农村现代化的宏伟目标，给农业农村的发展添加动力源，科技特派员是推动和实施乡村振兴战略的主力军。科技特派员工作要与时俱进，以习近平新时代中国特色社会主义思想为指导，适应新时代、开启新征程、续写新篇章。

  1999年以来，福建省农业科学院主动融入科技特派员工作实践，加大力度选派一批科技骨干人员，到农村基层一线和农业新型经营主体一线担任科技特派员。充分发挥科技特派员在实施科技创新、服务"三农"发展、助推乡村振兴的生力军和排头兵作用，深入推进院地合作、科企协作、进村入户，推进供给与需求、科技与产业的精准对接。以服务农业结构调整和优势特色产业发展为主线，以项目实施为纽带，将科研事业与产业经济主动融合、个人抱负与农村发展紧紧相连，实现了农业科研与区域产业的深度对接、科研机构与农业企业的完美联姻、科技特派员与农民群众的无缝嫁接，推动了传统农业向现代农业的转变，向乡村新产业新业态的延伸。凸显科技对农业农村发展的贡献度、驱动力和支撑作用。

实施科技特派员工作以来，特别是2016年以来，福建省农业科学院科技特派员工作取得一定成效，主要有：一是主动融入省科技特派员工作，选派人员和数量多。福建省农业科学院先后选派法人科技特派员13个、团队科技派员27个、个人科技特派员3 220多人（次），占全省选派科技特派员总数10%，连续多年保持全省选派科技特派员人数最多的单位。二是科技特派员覆盖面广，成效明显。科技特派员服务区域覆盖全省90%的县（市、区）和23个贫困县，重点服务企业310个、合作社（家庭农场）222个。福建省农业科学院科技特派员瞄准各地农业产业问题导向和重大技术需求，抓重点、补短板、强弱项，精准施策、精准服务，以良种良法的示范应用为核心，以先进成果的转移转化为纽带，示范推广农业新品种674个、新技术611项、新肥料10 322吨、新农药23吨、新设备130台套，实施452个农技推广和科技服务项目，应用转化技术成果94项，建立省级星创天地5个、科技示范基地（户、点、片）693个，累计开展技术培训1 309场次，培养农村乡土人才498人，接受农民咨询7 442场次，直接受益农民8 312户。帮助解决区域农业技术瓶颈和企业生产难题1 107个，助力各类经营主体增收51 781万元，助力农户增收13 865万元。三是涌现出一批科技特派员先进典型。有与科技特派员"情定一生"的吴敬才，全国科技特派员001号；有扎根贫困山区的"80后"科技特派员苏海兰，深山里的"七叶一枝花"；有创新科技精准扶贫"12345模式"的科技特派员李文扬等。四是初步探索了科技特派员服务模式。包括"科技特派员＋龙头企业＋农户""科技特派员＋当地技术人员＋农户""科技特派员＋专业学会＋农户""科技特派员＋村委会＋农户"等。

思考之一：选对人、用对时、做对事，满足农业基层一线对科技特派员制度的新认知和新要求

2018年，习近平总书记在参加党的十三届全国人大一次会议山东代表团代表审议时指出，"推动乡村人才振兴，把人力资源开发放在首要位置，强化乡村振兴人才支撑，打造一支强大的乡村振兴人才队伍"。科技特派员作为农业实施创新驱动发展战略的重要载体，是农业基层一线服务乡村振兴的重要人才队伍，是乡村振兴事业的先行者、建设者。但是在调研中我们发现，由于存在对农民、农业、农村的需求底数不清楚等情况，特别是选派的科技特派员主要集中在第一产业上，第二、第三产业方面的专业人员较少，仍然存在"拉郎配"现象；同时按照福建省《关于深入推行科技特派员制度的实施意见》要求，选派

条件还是以事业单位为主、中级以上职称、本科以上学历等条件限制，一定程度上产生了技术能力方面的制约；由此产生在农时农事、技术支持等方面给农民造成不良的影响，满足不了农业基层一线对农业科技的需求。

为此，我们认为应该在选对人、用对时、做对事上做文章。一要创新科技特派员的选派机制。选派前要先做好农情调研，充分了解农业基层一线对专业人才的需求，有针对性地开展科技人员的选派，有的放矢。加大对农村急需专业人才的选派推荐力度，由以第一产业为主的选派方向转向一二三产业融合发展方向，实现向农业产业全链条覆盖和品牌化发展转型。二要强化实用技术人员的选派。转变选派观念，将注重选派高学历、高职称人才转变为注重选派实践经验丰富、农业技术能力强、急需紧缺人才，避免挂职和凑数现象，切实发挥科技特派员助推乡村振兴的作用。只有选对人了，才不会误农时、误农事，才能真正解农业、农村、农民之忧。

思考之二：鼓励、放活、助力，充分调动科技特派员积极性要有新举措

要加快农业发展，就必须加快农业科技进步。习近平指出："要给农业插上科技的翅膀"。近些年，福建省农业科技水平明显提高，农业科技进步贡献率逐年增加，农业耕种收综合机械化水平显著增强，农业科技取得的成效，科技特派员发挥着主力军的作用。福建省农业科学院科技特派员适应新时代、新任务、新要求，"不忘科技为民初心、牢记服务三农使命"，认真落实中央、省委省政府和农科院党委的工作决策部署，将实施乡村振兴作为"三农"工作的总抓手，不断增强做好科技特派员工作的责任感与使命感，继续深化福建省农村创业创新和科技服务，真正"把论文写在大地上、把成果留在百姓家"。在调研中我们发现，虽然福建省农业科学院科技人员积极参与科技特派员的申报，也受到农业基层一线的欢迎，但是科技特派员工作的主动性不强、积极性不高、影响力不够；科技特派员的项目经费开支范围很有限，影响了资金使用率和成效；没有建立一套较完善的科技特派员工作的评价体系，影响科技特派员工作业绩的考评。这不仅影响了科技特派员的工作效果，难以对科技特派员进行工作褒奖，也影响科技特派员的职称评聘问题。

我们认为，要真正发挥科技特派员的作用，充分调动他们工作的积极性、主动性，要在鼓励、放活、助力上有新举措。一是加强对科技特派员的教育管理，倡导积极向上的工作氛围。以习近平新时代中国特色社会主义思想为指导，以"不忘初心、牢记使命"主题教育为契机，增强科技特派员特别是党员科技特派的政治意识和服务意识，鼓励他们树立以农民为中心的观念，提高服务技术和本领。二是建立科学的评价体系和考核制度。客观地、实事求是地评价科技特派员的工作业绩，并且将其业绩作为职称评聘的重要依据。定期开展监督检查，对于优秀的科技特派员进行奖励，对于不作为，不受农村、农民欢迎的科技特派员实行召回制度。这一套评价体系和考核制度，需

要全省统一规范，统一实施。三是选派单位重视和关心科技特派员。因为服务对象的情况不同，科技特派员付出的努力也不一样，选派单位要一视同仁，为他们的工作、生活创造良好的环境和条件，主动帮助解决工作中遇到实际困难和问题，充分调动科技特派员干事创业的积极性。同时，认真落实农科院印发《关于深入推行科技特派员制度的实施意见》。四是支持科技特派员领办、创办企业，或与服务对象结成利益共同体，并取得合法收益，推动科研成果向现实生产力转化，实现农民增收、企业得利、特派员受益、社会发展。五是树立和宣传科技特派员先进典型。注重树立和培育一批像吴敬才、苏海兰、江斌、李文扬等科技特派员先进典型，利用各种媒体手段做好宣传，充分发挥典型示范作用，激励和带动全体科技特派员干事创业。

思考之三：转观念、推改革、促发展，积极探索科技特派员服务模式，助推福建省农业产业绿色高质量发展

绿色高质量发展是推动农业产业转型升级的主基调，是实现农业农村现代化的必经之路。习近平指出，"要坚持质量兴农，绿色兴农，农业政策要从增产导向转向提质导向。""走质量兴农之路，要突出农业绿色化、优质化、特色化、品牌化。"随着农业供给侧结构性改革的深化，科技特派员的服务农业基层一线的观念也要发生转变，以提质增效为主线，运用专业技术和高质量发展理念，指导农民生产，提高农产品的质量，满足全社会对农产品绿色高质量的需求。在调研中发现，科技特派员工作存在"单打独斗"、农民配合障碍、协调能力不足、科技示范带动辐射有限等问题。这些现象和问题的产生，一方面是科技特派员选派机制造成的，强调科技特派员的申报源于基层的需要，但往往农情调研不够细致，再加上科技特派员的专业技术受限，"全科医生"的要求就不尽人意。另外，科技特派员的主业是技术服务，其他方面能力相对较弱，也影响其能力和水平。也就是说随着农业供给侧结构性改革的持续深化，对科技特派员的要求也越来越高。另一方面是各级主管部门对科技特派员工作重视不够，更多的是形式上的，在农情调研、农民培训、项目经费等方面的措施落实上还存在差距。

推动农业绿色高质量发展，服务全省特色现代农业转型升级，服务农业供给侧结构性改革，科技特派员工作发挥着重要的作用。一是推行科技特派员集团服务。新时代要有新担当，科技特派员工作要从服务农业发展的全局出发，加强科技特派员跨区域、跨专业联合，组建团队科技特派员或科技特派员集团服务组，服务农业基层一线对技术的多方需求，帮助解决农业全产业链的技术需求和共性关键技术难题，推动地方区域主导产业的良性发展。目前福建省农业科学院正在开展科技特派员集团服务模式的试点，数字农业研究所启动的服务光泽县生态食品城建设的科技特派员集团服务整县推进模式、福建省农业科学院科技服务团队启动的服务永安市小陶镇重点农业乡镇整镇推进模式、服务建瓯市水源乡桃源村特色农业发展带动产业

振兴和脱贫攻坚整村推进模式。科技特派员集团服务模式要坚持福建省农业科学院科技服务团队与乡土人才相结合,推动由"单打独斗"服务向"组团联动"服务转变;坚持技术成果集成和服务需求相结合,推动由单一农业技术服务向宽领域、全要素、全产业链综合性服务转变。二是加强对科技特派员的培训。主要包括政治思想、政策解读、专业技术、基层工作能力等内容,采取集中培训、开设讲座、技术沙龙等形式。同时农业主管部门要加强对农民的思想引导和技术培训,增强对农业技术的吸收与运用,按照农业技术要求进行生产,保障现代农业生产技术有效实施。三是建设科技特派员工作站和科技特派员示范基地,推广农业"五新"技术,发挥示范带动辐射作用,提高服务成效,促进产业转型升级。科技特派员工作站主要落地在服务的农业新型经营主体,通过组建的团队科技特派员,提供全方位、多层次、立体式的科技服务。科技特派员示范基地以"五新技术"的展示为主,充分展现现代农业技术示范作用,带动农民增收致富。

脚底有泥　心中有光

——记中国科技特派员首位践行者："一号特派员"吴敬才

| 人物名片 |

　　吴敬才，男，1963年生，福建农林大学园艺专业毕业，公派德国莱茵兰－普法尔茨州进修园艺栽培与葡萄酒酿制技术，福建省农业科学院数字农业研究所教授级高级农艺师、中国农业科学院研究生院农业推广硕士研究生指导教师、福建省农业职业技术学院兼职教授。1998—2005年担任南平市科技特派员，多次获得"明星科技特派员"称号；2005年调入福建省农业科学院数字农业研究所，担任福建省科技特派员，长期从事农村实用技术培训。

　　"因为有你在，那片土地每天都有新变化""感谢你无私的付出，让我坚信这世界依然美好"……正在南平市延平区溪后村田间地头忙碌的吴敬才收到了一份特

吴敬才指导农户番茄种植技术

别的"礼物"：区委宣传部部长张嘉明转发的"七一祝福卡"——"致奋斗在脱贫战场上的你"，精美的音画情真意切、催人奋进，也让吴敬才在这个特殊的日子心潮澎湃、思绪万千。

1998年12月，刚从德国进修回国的吴敬才主动要求驻点溪后村，帮助农民解决科技问题，由此成为我国科技特派员——农村工作新机制改革的首位践行者，被乡亲们亲切地称为"一号特派员"。随后，南平市选派农业科技人员直接下乡为农民服务的机制，在全国得到推广，这成为我国农村科技特派员制度的发端，溪后村也成为中国科技特派员第一村。

20年栉风沐雨，从首位科技特派员践行者到重返科特派第一村，吴敬才用科技扶贫的初心，感染着无数农业工作者，也用造福"三农"的豪情，回馈八闽乡村。他深入基层、真心为民；他脚底有泥、心中有光；他的事迹既鼓舞人心，又饱含深情。他用半生奔走践行科技帮扶的使命，也用全新付出换得科技特派员制度"遍地开花"。

重返延平，不忘科技特派员首位践行者的赤子初心

20年前，吴敬才刚到溪后村时，溪后村全村共有600多户2 000多人，村民收入长期以来以种植业和养殖业为主。当时闽北刚遭遇洪灾，农业生产还没恢复，溪后村的村民虽然有心想要增产增收，但受制于农业专业知识的匮乏，种植出来的果蔬品质低下，价低难卖。吴敬才常驻溪后村后，一肩挑起全村的果树、蔬菜、土肥、林业等各项

专业技术指导工作。他白天奔赴田间山头，手把手为村民指导示范该如何进行选土、施肥、修剪、嫁接、防害、打虫；到了晚上，就在村部大会议室里，为求知若渴的村民讲授农业科学的专业技能。

三个月后，吴敬才担任南平市大横现代农业科技园区的科技特派员。1999年12月17日，时任福建省省长的习近平到园区调研，吴敬才向他汇报了羽衣甘蓝等蔬菜新品种的示范推广情况，得到习近平的高度赞赏："这个园区是我省引进品种最多、现代农业内涵最丰富、基础设施功能最完善、建设速度最快的园区。"

从1999—2005年，吴敬才在南平市大横农业科技园区驻点了7年，累计引进国内外果蔬优良品种2 000多个，向全市推广国外农业优良品种28个，种植面积5.1万亩，累计助农增收2 799万元，科技进步有效支撑了南平农业的绿色发展。

2001年，吴敬才在延平区引进种植国外优良品种荷兰麝香百合。2014年，延平区被中国林业产业联合会授予"中国百合之乡"称号。2018年，延平区王台镇、峡阳镇等8个乡（镇）15个村，种植百合花面积8 000多亩，产值逾4亿元，从业农民2 000～3 000人，合作社带动1 000个农户参与，成为全国第三大百合鲜切花产区。

2018年吴敬才返回延平区，担任起了泰禾生态农业公司的科技特派员，开始了他在延平区科特派工作的"第二次创业"。他为公司引进大棚种植葡萄、猕猴桃新品种，建立示范基地100亩，带动3个贫困农户脱贫。他重返溪

后村，再次成为村里的科技特派员，经他努力，现在的溪后村已成为绿色休闲观光农业的典范。

他不忘初心，带领福建省农业科学院数字农业研究所两位青年党员，在延平区王台镇、茫荡镇等地开展科技服务的同时，建立了3家农业企业科特派工作站。不仅如此，他还组建了数字农业水肥一体化服务团队科技特派员，带领7位专家和科研辅助人员，为三明市大田县等地的设施蔬果栽培企业服务，用实实在在的行动践行着创新惠农的赤子初心。

转换平台，牢记"许党报国、创新为民"使命

20世纪80年代，吴敬才从福建农林大学园艺专业毕业后，回到家乡南平，在南平市农业局工作。2005年，吴敬才又由南平市农业局调到福建省农业科学院数字农业研究所，在新组建的培训中心长期从事农村实用技术培训等项目，通过更宽的平台践行科技特派员的创新惠农使命。2005—2009年，他协助中国农业科学院，为福建省培养农业推广硕士学位研究生200多人，也定点为南平市劳教所开展科技帮教培训，提升参训劳教人员100多人次的劳动技能。

2009年2月，福建省科技特派员培训基地在福建省农业科学院成立，受福建省科技厅委托，吴敬才与同事围绕科技特派员的创新创业，举办技术培训100多期、受训人员超5 000人次。他还推动组建了一支由省市县区专家、种养专业户、创业能手、专业合作社管理人员170多人组

成的教师队伍。工作中，吴敬才把科技特派员培训与福建省农村实用技术远程培训、省农业科学院科技下乡"双百行动""一乡一特色"等培训工作相结合，形成立足海西、面向全国的科技特派员培训体系，促进农业"五新"技术传播，提升了农民科学种田水平。

2013—2015年，吴敬才驻点中国–以色列示范农场，培训福建和中西部省份的新型职业农民1 000多人次，介绍数字农业科技的产业应用等情况。2015年，吴敬才又担任起福建省农业职业技术学院的兼职教授，向全省职业农民蔬菜专业班讲授"番茄基质无土栽培技术""生菜NFT无土栽培技术"等课程，累计培训学员450多人次。

2011—2019年，吴敬才协助对口援助的新疆昌吉回族自治州，每年举办"智力援疆"培训班3～6期，累计培训1 300多人次，为边疆发展现代农业，提供智力支撑。走遍八闽大地，拍摄农业技术推广视频，推动各种形式的农业培训，成为吴敬才到福建省农业科学院10多年来工作的主旋律。

此外，吴敬才还是福建省农村实用技术远程培训党员示范岗的主要牵头人，从2010年3月至今，他已连续十年，坚持每月10号向全省1.5万行政村电视直播，每年实施60个专题远程培训课程，现场解答农民提出100多个生产难题，至今已累计惠及农民900多万人次。

身患疾病，依然奋战在创新为民第一线

从科技服务首站溪后村，到通过福建省农业科学院科

技培训平台向八闽农村开展科技服务的20余年，吴敬才深切感受到基层农民对于农业技术的渴求。他说："作为一名共产党员，作为一名农业科技工作者，就应该到群众最需要的地方去，努力践行科技惠农的初心和使命。"

吴敬才始终不忘"一号科技特派员"的初心，坚持"许党报国、创新为民"信念，长期奋战在服务"三农"第一线。他因为过度劳累，患萎缩性糜烂性胃炎已有十年，2018年5月他左眼眼角膜穿孔，治疗后仍患飞蚊症，用电脑处理科技业务常有视力障碍，但他无怨无悔，依然挤时间处理好各项科技服务工作，他敬业奉献的精神和工作业绩，也得到组织、群众的充分肯定。

这些年来，吴敬才先后获得市级"公民道德建设好榜样"、厅级优秀共产党员、南平市明星科技特派员、市农业科技先进工作者、省农业科学院科技服务先进个人、全省农村实用技术远程培训先进个人等10多项荣誉，以及3项福建省和南平市科技成果奖。他还主编了《现代农场管理》《山区无公害蔬菜栽培实用技术》等实用教材。

吴敬才的事迹得到了《福建日报》《光明日报》等多家主流媒体及学习强国福建平台的报道。2018年12月，《福建日报》还在"庆祝改革开放40周年"特别报道中以专版形式，介绍吴敬才从农艺师变身为"一号科技特派员"的二十年情缘，以及科技特派员这一创新制度。

面对荣誉、鲜花和掌声，吴敬才十分清醒，他强调荣誉代表过去，现在仍需奋斗。他说："作为农民的儿子，要利用掌握的科技知识，为农民创新创业，尽自己的一份微薄之力。"他通过自身实践引领着科技特派员制度的发展，他也欣慰看到科技特派员制度在八闽乡村、在祖国大地开花结果。他相信，随着科技特派员制度的生根发芽，科技特派员们带去的新品种、新技术，一定会让广大农村变得更富裕、更美丽。

扎根深山：让七叶一枝花更美绽放

——记科技特派员苏海兰

| 人物名片 |

苏海兰，1980年生，福建省农业科学院农业生物资源研究所农艺师，主要从事药用植物资源与栽培研究推广，长期在药用植物种植基地服务"三农"，2014年起担任科技特派员，帮助南平市光泽县发展道地药材七叶一枝花。多次获得福建省农业科学院"双百优秀项目"和科技扶贫工作先进个人等称号，2017年入选全国科技特派员工作南平市典型案例，2018年在"推进福建省科技特派员工作视频会议"上做典型发言。

苏海兰在基地查看七叶一枝花生长情况

苏海兰是福建省农业科学院一位"80后"农艺师，她为了挚爱的科研事业，放弃了大城市舒适的生活，独自一人钻进山高林密的大山里，成为一名蹲守在大山里的"科技特派员"。

她家住福州，上有老下有小，为了搞科研，她吃住在山里，一年有300天一头扎进基地，这一去就是三四年……

这些年，苏海兰专心做好一件事：扎根基地，潜心钻研稀缺药材七叶一枝花。她的初心是研究七叶一枝花栽培技术和育苗技术，促进相关产业健康可持续发展。她视保护七叶一枝花资源，带动农村、农民致富为自己的使命。从难于种植的七叶一枝花到"致富之花"，她的科技特派员帮扶经历不仅带动了一项产业，更感染了无数科技特派员。

高度负责的敬业精神

七叶一枝花又名华重楼，是云南白药、片仔癀等40多种中成药的主要原料之一，是我国稀缺珍贵的药用植物资源。因为经济价值高，从2010年开始，福建很多农户想种，但七叶一枝花生长周期长，从种子到药材采收要10年，且生长娇贵，不易栽培，对环境、土壤、气候、病虫害等十分敏感，而福建省的栽培技术研究基础和种植经验几近空白。同时，许多农户还因购买了云南等地的不适宜品种，以及不懂种植技术等问题，每亩损失3万～5万元。2014年，福建承天药业集团找到福建省农业科学院，希望科技人员帮助发展七叶一枝花产业，带动周边农户增收致富。面对社会所需、企业所求、农民所盼，苏海兰克服了路途偏远、家中孩子年幼等困难，主动承担了这项任务，开始往返于省城与基地之间。

2016年，承天集团与福建省农业科学院深化战略合作，需要一名专家蹲守基地三到五年，以便对七叶一枝花的生长情况进行系统的研究。已陆续跟踪观测了两年的苏海兰主动请缨，要求到基地驻守。当时还在哺乳期的苏海兰把正读幼儿园的大女儿交给婆婆，自己则携母亲和小女儿，于2016年10月从省城来到承天集团位于寨里镇可坑林下药材种植基地，开始对仿野生状态下的七叶一枝花进行种苗繁育、人工栽培的科学试验。

以科技特派员身份入驻承天集团开始，苏海兰就把自己的事业与公司的发展紧紧联系在一起。七叶一枝花栽培技术少有成功经验可以借鉴。这些年来，她几乎走遍了全省各地，到深山老林采集七叶一枝花野生资源，了解它的生长习性；多次去云南白药、湖南种植基地学习、取经。带领组建的企业技术团队，在福建省农业科学院专家们的指导下，实施了超过300个田间试验，提炼试验优良结果并立即总结、验证。由于山里蚊虫多，还要随时提防隐藏于草丛中的毒蛇，所以不管多热的天气，她都得全副武装，包好头部、裹紧衣服、穿上雨鞋、拿着木棍。白天钻山林、进大棚，晚上还得将收集的数据整理归类。正是这样日积月累的一线实地观测，为开展七叶一枝花研究打下了坚实的基础。

经过多年摸索和实践，克服了常人难以忍受的困难和挫折，苏海兰的研究工作和技术推广取得了重大进展。七叶一枝花的育苗从原来需要2年且只有5%出苗率，到2018年只需要6个月，可实现30%出苗率，2019年大田生产又突破60%的出苗率；从只能林下种植，每亩1 000株，到现在可在大田种植，每亩8 000株；灰霉病等田间病害从无法控制，到现在做好提前预防，得到了很好的控制。承天药业的七叶一枝花基地从15亩已扩建到了6 000亩。据企业测算，这6 000亩基地，经济效益预计将超过1.5亿元，还带动了周边农户种植1万多亩。

此外，苏海兰还帮助承天药业建立了七叶一枝花人工栽培科研团队，把自己的研究成果无私地分享给他人，为企业开展基地扩建、提升产业效益奠定了良好基础。如今，七叶一枝花这一名贵药用植物，终于迎来了丰收，成为真正的致富之花，在八闽乡村大地美丽绽放。这对苏海兰而言是莫大的鼓舞，也让她的科研信念更加坚定。2018年，她成为福建省农业科学院药用植物科技团队中的一名岗位专家，她的生命与七叶一枝花一道变得更有意义。

全心为民的"三农"情怀

这些年来，苏海兰始终把党全心全意为人民服务的宗旨，把政府、社会、百姓的需求作为自己的工作追求。在服务好一个企业的同时，2018年起，她又为全县农户发展药用植物种植提供科技帮扶。在田间地头，她亲自做给农民看、带着农民做，带领贫困区农户种植元胡、黄精等药用植物品种致富。她创新了体验式技术推广模式，以种苗补贴、提供农资和技术指导等形式，请种植户参与示范基地建设和试验方案实施，并公开各示范基地的种植方法与测产结果。通过这种推广模式，不仅让农民见证了规范栽培技术，实实在在提高了种植技术，还培养了本土能人，使得新型高效种植技术在当地农民中得到主动推广。

当企业、合作社、农民有种植想法时，不管多艰难她都会第一时间到现场为对方指导，并在生产关键期前到各个基地现场观察、示范指导。她的工作态度和做法得到了光泽县种植户的肯定和大力支持。如今，只要药用植物种植户有需求都会主动联系她，这对她既是肯定，也是鞭策，也让她明白：需要更努力实现自己服务"三农"的梦想，为乡村振兴奉献自己所有的聪明才智与青春。

这些年来，她每年组织培训15次以上，培训企业技术骨干和农户超过1 000人（次），每天接到农户电话或微信咨询至少5个，全省各地七叶一枝花的基地90%都跟她有联系。她通过团队精诚合作，联合企业和农户申报了多个项目，包括国家中医药管理局国家中药标准化项目、国家农业综合开发项目、福建省科技厅科技特派员团队后补助项目、福建省科技厅星火等12个项目，获得超过1 000万元的资金支持。其科研成果转化获得企业资金超100万元。截至目前，她已帮助建设药用植物示范基地7 000亩，增收1 500万元；扶持农户200多户，推广种植药用植物1万亩，增收5 000万元；带动元胡种植1 000多亩，为农民和老弱者增加收入300多万元。

一个人要做成一件事不容易，一个女科技特派员要做成一件事更难。自2016年起，她每年在光泽基地驻点近300天，大年初七就迫不及待到各基地查看、指导。苏海兰初到光泽时，小女儿尚未断奶，她只好让母亲带着小女儿，一起下乡住基地。暑假里，她干脆把大女儿也接来山里。在她看来，两个孩子在山里不仅不苦，反而有益。她白天在各个基地下田，只能在晚上连夜做材料，两个孩子耳濡目染，既能理解她驻守在山里、帮扶企业和农户的不易，也能让她们从小就养成山里孩子朴实勤劳的品性。

长期下乡服务虽然又苦又累，但科技为民的初心和服务"三农"的使命给了她力量，让苏海兰一直坚持下来。能帮助到企业、农户，让他们发展越来越好，能做自己喜欢的事，她的心里是甜的。她常跟农户说："有我能做的尽管找我，因为我是农科人、我是科技特派员，有义务有责任为大家服务。"她也为自己有机会为人民服务而自豪和骄傲！如今，她的七叶一枝花连同她自己，正绽放山巅、愈加美丽！

让科技润泽百草芬芳

——记科技特派员洪建基

人物名片

　　洪建基，男，1967年生，福建省农业科学院亚热带农业研究所副所长、研究员。2016年起，洪建基作为漳州市云霄县对口帮扶责任单位负责人和科技特派员，重点服务云霄县马铺百草园，他通过"科研单位＋企业＋贫困户"的模式，助力百草园中草药种质资源圃、中草药示范区、果树示范体验区、特色蔬菜体验区、休闲旅游观光区等建设，他充分发挥科技优势，为当地产业升级发展作出积极贡献。

　　马铺百草园，位于漳州市云霄县马铺乡磜头村，地处赤毛峰山，交通便捷，气候温湿，森林资源丰富，植被覆盖率高，拥有发展中药材得天独厚的土壤和气候环境，被誉为"山中无闲草，遍地皆灵药"。近年来，云

洪建基带领亚热带作物科技服务团队送科技下乡

霄县马铺乡百草园以保护、传承中药文化为主题，以原生态养生保健为载体，打造科研科普、观光旅游、休闲餐饮、体质药膳养生、养生保健、康复保健于一体的中草药文化主题乐园，创新"养生＋旅游＋扶贫"模式，融入闽、赣、粤地区中医药文化元素，马铺"乡村振兴战略"不断向纵深发展。

为了推动百草园更好更快发展，2016年，洪建基作为科技特派员对口帮扶百草园。经过深入调研，他发现百草园急需引进中草药、野特菜新品种和种植新技术，以及专利研发等技术，为此，他制定了详细的科技帮扶计划并付诸实施。他根据当地的气候与地理条件，引进龙爪粟、巴戟天、虎尾轮、绞股蓝等中草药进行示范种植；结合企业旅游餐饮需要，引进黄秋葵、马齿苋、山苦瓜、天绿香、紫背天葵、菜用枸杞等18种野特菜品种进行示范种植，让游客感受完百草园的芬芳，可以再品尝具有农家特色的菜肴，感受原生态的美味，从而为百草园休闲旅游增添特色。

2017年春，有一次洪建基在马铺百草园指导时，该园负责人向他求教："传统的果树种植单一，杂草丛生，种植成本高，且效益低，这该怎么办？"，针对这个问题，洪建基查阅了大量材料，决定引进龙爪粟、巴戟天、虎尾轮、绞股蓝、高粱和粟米进行果林下套种，并在传统种植的基础上摸索出果树（脐橙）、粟米、中药（巴戟天等）立体生态种植模式，提高了土地利用效率，增加了百草园经济效益。

除了定点帮扶百草园，洪建基还探索出扶贫新模式助力乡村振兴事业。他以"企业+贫困户"和"企业+幸福母亲"为模式，由磜头村百草养生园负责统一供应种苗、技术指导及质量把关，与农户签订订单式种植协议，实现"全程参与、定期检查、统一管理、统一收购、统一配送"的一条龙产业化服务，并制定最低收购价以保障农户权益，这一模式为8户建档立卡贫困户和10户"幸福母亲"提供就业机会和补助，年均增收一万元以上，实现了稳定脱贫。

通过科技扶贫，洪建基搭建起了百草园和农户共融生态圈，百草园的进一步发展，也为农户的订单式种植提供了必要条件。在科技特派员工作实践中，他协助百草园做好园区建设与规划，分类分区种植中草药、果树、蔬菜，把园区打造成集中草药种植、加工、养生、旅游观光和土楼民宿为一体的休闲农业旅游综合体，为公众开展更有特色、持续的科普教育和旅游休闲服务。在百草园科普基地，他引种蛇见愁、枳椇子、肝炎草、肺炎草、七指毛桃等珍稀名贵的中草药600多种，再现和活化中草药文化典籍《本草纲目》，供游客及学生观赏、科普教育、实训。

洪建基还在百草园种植基地引入"百草园到三味书屋"主题元素，勾起游客童年记忆，同时加入"少年强则国强"的理念，打造成儿童教育示范基地，吸引学生儿童前来。2016年以来，在他帮助下，百草园累计吸引20余万游客包括中医药爱好者，带动云霄县乡村振兴和旅游业的发展，被评为漳州市现代种业发展地方特色品种保护项目。

ren
ssed

三年来，洪建基下乡指导天数达85天，推广新品种新技术25个，培训和指导当地农民100多人次，建立示范片500亩，带动农户实现增收100多万元。在全国各地共同发力的精准扶贫攻坚战中，他告诉自己要发扬不怕苦、不怕累的精神，以帮扶贫困户、助力乡村产业振兴为己任，唯有如此，才能真正让科技润泽百草芬芳。

实用技术推介

　　立体生态种植模式：该模式采用以果为主，果蔬、果瓜、果草、果药间作的模式。按照不同间作类型，进行不同比例的栽种。从生态效益看，立体生态种植对于耕地的利用率非常高，可以多层次、多项目地利用单位土地的资源，提高综合生产力，有利于生态平衡，形成稳定的生态系统。从经济效益上，立体生态种植模式增加了单位土地面积上果蔬的产量，而且降低了生产成本。

促产业升级 助学子创业

——记科技特派员吴志源

|人物名片|

　　吴志源，男，1981年生，福建省农业科学院水稻研究所助理研究员、硕士，主要从事水稻育种与示范推广工作。2016年起正式确认为科技特派员，对口帮扶建宁、长汀等地，推广杂交水稻制种母本机插技术、烟草密集烤房烘干水稻种子等技术取得丰硕成果，对地方产业升级、技术提升、创业增收等方面作出积极贡献。

　　水稻是南方的主要粮食作物，从小吃稻米长大的吴志源对稻田有着深厚的情感，这也引领着他将水稻科研推广工作作为一生的事业追求。2012年，吴志源在福建省农业科学院双百、扶贫等项目的支持下，在建宁等地开始了科技特派

吴志源指导水稻机械化插秧

员工作。建宁县是我国最大的杂交水稻制种基地县，2018年制种面积达14.5万亩。目前，全国杂交水稻种植面积约2.3亿亩，水稻种子生产主要集中在福建、湖南、四川、江苏、海南和江西六省，其中仅福建省就占全国水稻制种面积的18.6%，是全国杂交水稻制种面积最大的省份，杂交水稻制种面积从2012年的10万亩发展到2018年的31.5万亩，而这些都离不开科技的支撑。

为了帮助福建省最大制种基地解决关键技术问题，吴志源下乡后的第一件事就是解决杂交水稻制种母本插秧用工多、劳动强度大、成本高的问题。2009年起，吴志源就与相关科技人员试验制种母本机插秧，并与浙江宁波协力机电制造有限公司协作，于2011年推出一款杂交水稻制种专用插秧机，这为2012年开始在建宁示范推广杂交水稻制种母本机插奠定了基础。

这项技术首先在建宁县溪口镇勤建农机专业合作社得到推广。该合作社于2009年成立，由黄勤建担任理事长，当时社员仅有6人，业务以拖拉机打田和收割机割稻为主，技术含量低，市场竞争能力薄弱。2012年，吴志源找到合作社，与合作社共同推广杂交水稻制种母本机插技术，包括插秧机的调试、母本育秧以及配套的制种技术等，并对合作社进行全方位技术指导及培训。

通过近几年吴志源的技术支持，以及福建省农业科学院"双百"项目的带动，合作社科技含量日益提升，发展迅速，现已发展出社员21人、农机手28人。合作社内的农机集耕、种、防、收、烤于一体，共有五大系列11个类

型，社内农机有200多台套，厂房机库占地12亩，能为农户提供杂交水稻制种全程机械化服务，2018年的服务面积达3万多亩，占全县制种面积的20%左右。该社还先后获评福建省省级农机合作社示范社称号，获得建宁县社会化服务补助50多万元。

除了杂交水稻制种母本机插技术，吴志源还针对建宁县种子在阴雨天无处晾晒的难题，联合科技骨干从2013年开始对烟草密集烤房进行改造并开展水稻种子烘干试验，总结出一套烟草密集烤房烘干水稻种子技术。该项技术在建宁县文军种子专业合作社得到了很好地应用，该合作社1989年开始从事杂交水稻种子生产，由丁绍文担任理事长，虽然该社2012年后逐渐把制种面积扩散到周边县市，但发展步伐一直不快，主要问题是周边县市制种技术不成熟，特别是种子收晒不及时导致种子质量不合格。

为协助文军合作社解决这个难题，吴志源从设备改造入手，为其提供烘干设备改造模版，2016年率先在溪口镇半元村示范推广烤烟房烘干种子技术，2017年在合作社全面推广，烤烟房改造后烘烤种子113座，2018年合作社在建宁县及周边县市制种2万余亩，合作社成员发展到116人，带动农户2 000多户制种。如今，合作社已发展出标准化仓库2个、种子冷库1个、种子精选机8台，年产优质杂交水稻种子360多万千克、年均总产值7 600余万元、亩产值4 218元、亩纯收入在3 000元以上，农民人均纯收入超过1.6万元。吴志源推广的这项技术不仅解决了农户晒种难的问题，还降低了种子晾晒成本，并能确保种子发芽率，该技术在2016年1月申报了发明专利，在2018年3月顺利获得授权。

制种技术获得成功后，吴志源并未停歇。因为他是位年轻的"80后"科研人员，深刻感受到青年群体干事创业的热情，他主动找到闽西长汀四位大学生，鼓励他们回乡成立制种专业合作社，在烟叶种植结束后，试验推广杂交水稻制种，他负责制种技术总指导以及联系制种订单，由合作社社员联系当地的农户进行杂交水稻制种。2017年开始，吴志源先后与隆平高科、金色农华、荃银高科等上市企业签订种子生产订单，2018年带动500多户农户，制种面积4 000多亩，农户平均亩产值达到2 500元，亩纯效益达到1 000多元，达到较好的增收效果，促进了贫困山区脱贫致富。

能根据自身所学，推动区域产业得到提升，并带动农户脱贫、学子回乡创业，对吴志源来说，是一件特别有价值的事。吴志源常利用下乡指导的间隙，亲自下地干活，不仅为体验农民疾苦，也为不断提醒自己：守望初心、奋勇向前！

实用技术推介

烟草密集烤房烘干水稻种子技术：本技术是对烟草密集烤房进行改造以进行水稻种子烘干，其烘干的种子发芽率与自然晾晒率基本持平。利用密集烤房烘干水稻种子具有改造简易、烘干技术简单、烘干成本低等特点。种子烘干后，其拆卸方便，不影响烤房结构，不影响其下一季度烤烟烘烤作业。

让茶香飘出贫困山区　香气馥郁八闽大地

——记科技特派员王振康

人物名片

　　王振康，男，1975年生，福建省农业科学院茶叶研究所高级农艺师，福建省茶叶加工专家。2014年起担任福建省科技特派员，先后承担福建省农业科学院双百项目、科技扶贫、院地合作项目等11项，主持的3个项目获得福建省农业科学院优秀"双百"项目，5次被评为福建省农业科学院科技服务"先进个人"，他长期服务于"三农"一线，为福建茶产业的发展作出了积极贡献。

　　王振康开展科技帮扶的首站是宁德市屏南县坑头村，虽说2014年才正式确认为省级科技特派员，但早在2009年，他便与坑头村有了频繁联系。坑头村为宁德县苏维埃政府所在地，属于革命老区，交

王振康指导春茶机械化采收

通不便，老区人民守着一片大山，仅以毛竹、林木等换些生活必需品，至20世纪末，村民人均收入不及1 000元。

2009年4月下旬，王振康接到坑头村金源茶业专业合作社谢郑生理事长的求助电话，春茶生产的红茶质量不好，发酵存在问题，浪费了好几批，每天损失数万元。当下，王振康便利用五一假期到合作社排查原因，通过测试，他发现工厂发酵室存在问题。经他一个星期的优化改造、示范指导，不仅挽回了合作社经济损失，还帮助谢郑生、谢忠文和谢昌荣等技术骨干掌握了红茶生产的每道工序技术要点。2011年该社被评为全国十大茶业专业合作社，2013年又被评为省级示范社，2016年谢昌荣生产的红茶还获得宁德市第五届"茶王奖"。

此后几年，王振康在帮扶宁德市蕉城区、屏南县发展茶产业的同时，他也要经常回坑头村看看，指导村里的红乌龙茶生产，引进金观音等茶叶品种以及乌龙茶做青与焙火工艺，生产出备受市场推崇的高香型红乌龙茶。到目前为止，王振康帮扶的区域，仅坑头村全村就有金观音茶园1 400多亩，全村人均收入1.26万元，其中茶叶人均收入达1.1万元。坑头村俨然成为集红色旅游、生态观光、休闲旅游为一体的茶叶加工及茶文化休闲区，老区面貌焕然一新。

2016年，王振康作为科技特派员开始对口帮扶南平市政和县，重点对接政和云根茶业有限公司。政和县是全国十大重点产茶叶生态县，全县茶园总面积11万亩，其中生态茶园8万亩，年产茶叶1.4万吨，茶产业成为农民增收致富的支柱产业。其茶产业具有文化底蕴深、生态环境优、

茶类较全、产业基础好等优势，但仍然存在诸多问题，如茶叶企业多、小、散、乱，茶叶产业链短、附加值低、茶叶资源综合开发利用不足、茶树品种结构单一、加工技术落后、茶叶技术人员缺乏、市场开拓不足与品牌建设有待加强等，这些问题严重制约了政和茶产业的发展。

为了帮助政和茶产业提质增效，王振康在政和县星溪乡石圳村（海拔300～350米）、高海拔的澄源乡澄源村（海拔1 000～1 100米），以及政和县石圳村自行车景观大道旁，分别建立了茶树新品种示范基地，引进金观音等10个茶叶品种，将成活率提升至95%以上。并在福建省政和县云根茶业有限公司澄源乡茶园生产基地建立茶树新品种示范基地100亩、有机茶转换茶园300亩、白茶机械化采摘示范基地500亩，基地所制花香型白茶香气显而悠长、滋味醇和，产品较福安大白茶制白茶增值20%以上。

三年来，王振康在政和各村镇开展技术培训累计324人次，帮助政和云根茶业有限公司组织实施示范项目3个、合作项目6个、立项经费40多万元，并指导企业改造萎凋车间，引入工业除湿机等调控萎凋环境装备，解决不良天气对白茶品质的影响。他指导企业生产的"政和白牡丹"白茶还获得2017年"中茶杯"一等奖；指导企业生产的小块白茶饼加工技术，不仅解决了传统白茶外形松散携带不便的难题，还以"泡朵白云"注册命名，成为企业的标志性产品，获得业界好评。

如今，经过王振康三年多的技术帮扶，政和云根茶业有限公司发展迅速，已由三年前的南平市农业产业化龙头企业升级为福建省农业产业化龙头企业，成功入选首届"全国白茶十强企业"，成为集产、供销、茶旅相结合的企业，也是浙江大学、福建农林大学等高校茶文化、茶生产的校外培训基地。

"守科技为民初心、担服务三农使命！"王振康明白科技服务任重而道远，"路漫漫其修远兮，吾将上下而求索"，他还将继续努力，用自身所学，为使茶香馥郁八闽大地尽绵薄之力。

小知识

金观音：又名茗科1号，1978—1999年以铁观音为母本、黄金桂为父本，采用杂交育种法育成的无性系新良种，其遗传性状偏向母本铁观音。2000年通过福建省品种审定，2002年通过国家级品种审定，2004年获得福建省科技进步二等奖。金观音制作的乌龙茶，外形色泽砂绿乌润、重实，香气馥郁幽长，滋味醇厚回甘，汤色金黄清澈，叶底肥厚明亮，品质优异稳定。

科技让致富能手带着乡亲奔小康

——乡村"领头雁"余海燕亲述科技特派员张文锦的帮扶故事

人物名片

张文锦，男，1965年生，浙江大学农学硕士，福建省农业科学院茶叶研究所研究员、栽培研究室主任，兼任农业农村部福建茶树及乌龙茶加工科学观测实验站站长、福建农林大学硕士生导师、福建有机茶技术服务中心主任、中国茶叶学会理事，长期从事茶树栽培技术与品种选育研究与应用。2016年起担任科技特派员帮扶宁德市古田县鹤塘镇明艳茶叶专业合作社，牵头实施茶菌融合循环增值技术及模式示范并取得重要成果，获评"全国茶叶优秀科技工作者"、张天福茶叶发展贡献奖、金牌大学生创业导师等荣誉。

我是宁德市古田县鹤塘镇明艳茶叶专业合作社（2012年8月创建）负责人余海燕。说起张主任与我社之间的故事，算是机缘巧合。记得在2012年10月，我社创办伊始，该如何发展正处茫然之时，我有幸结识了受省公务员局邀请参加全国万名专家下基层活动、来我县鹤塘授课的他。翌年3月他承担的农业部公益性行业(农业)科研专项内容"茶叶修剪有机副产物资源转化与利用技术研究"（2013—

2017年）需要在茶区建立茶栽食用菌研发基地，并最终选择了我社作为项目试验、中试验证和规模示范的实施基地。六年多来，他牵头的团队攻克了多个技术难关，取得了多项突破性成果，也为我社茶菌并

张文锦在古田县指导生态茶园建设

重、绿色先行、创新发展作出了诸多贡献。2016年以来，他又以科技特派员的身份对口帮扶我社、牵头实施茶栽食用菌等项目，对我社及茶菌融合发展都作出了重大贡献。

在科研方面，他在我社的科技特派员工作实践，硕果累累。一是优选出了茶栽（茶枝、茶渣替代木屑栽培）食用菌（香菇、灵芝等）优化配方及高山配套栽培技术，增产提质、降本增效效果极其显著。其中茶栽香菇产量增长达10%以上，茶栽灵芝的棚内栽培经济产量和生产效益同比常规菇栽培增幅均达20%以上，通过大田露天二次栽培每亩收益可达万元以上。二是基本研究明确了茶栽香菇、灵芝配料的适宜碳氮比值，茶有机副产物替代木屑栽培食用菌获得成功，对推动茶、菌业融合发展、转型升级具有重要的现实意义。三是研发出茶菌渣无害化返回茶园利用配施技术，在不减产情况下能减少茶园化肥用量10%，提高土壤有机质含量5%，并已初步形成了"茶菌"融合

（茶有机副产物—食用菌栽培—菌渣返园利用—生产绿色食品茶）闭合循环、多级增值利用技术模式。

此外，他又指导我社开展各种茶园病虫害有机防控，他研发了应用低成本、长效性、实用型害虫物理防控装置，结合采摘修剪等农艺技术措施，我社基地茶园已连续多年不需要使用农药。同时，他对我社茶叶发展思路、加工设备选型、布局及加工品质关键点等问题都给予精心指导，提高了我社茶叶加工技术水平、产品档次、销售单价及生产效益。近年来，我社"明之艳"红绿茶产品在国内名优茶评比大赛中屡获大奖，斩获颇丰，先后获得宁德市茶王赛金奖、"闽茶杯"状元奖（金奖）、"中茶杯"全国名优茶评比一等奖、"国饮杯"全国茶叶评比一等奖、中国茶叶博览会全国红绿茶斗茶大赛红茶类茶王奖等多项荣誉，为我社的发展积累了至关重要的品牌效应。

除了茶叶技术专家和科技特派员，张主任还有另外一个身份：创业导师。在他的带领下，我社实施的"茶－食用菌优质高效生产关键技术研发及产业化"项目，先后获得了第二届中国（福建）女大学生创新创业大赛实战组一等奖、第四届"创青春"福建青年创新创业大赛现代农业成长组三等奖、第三届"中国创翼"创业创新大赛福建省级选拔赛主体赛创业组三等奖。他也帮助我社及我本人获得福建省巾帼示范基地、福建省农业科学院科技示范基地以及福建省农村青年致富带头人、全国农村青年致富带头人、首届大地之子、宁德市青年拔尖人才等多项荣誉。

这些年来，张文锦还牵头在我社举办了无公害茶叶生产、茶树病虫害绿色防控技术培训班，为古田县培训新型农民近200人次。他通过科技帮扶，不仅为我社发展注入强劲动力，也为全村实现脱贫致富开辟了发展途径，更使得我本人与合作社、全村紧密相连，指导我成为一名会经营、懂技术的"新农人"，让我和我们合作社、我们程际村发生了翻天覆地的变化。

说明：1983年出生的余海燕，是古田县鹤塘明艳茶叶专业合作社负责人，合作社位于鹤塘镇程际村，程际村是古田县与宁德市焦城区、屏南县的三县交界处，全村人口1 670人，平均海拔880米，山峦起伏、云雾弥漫、土地肥沃，是种植名优茶树绝佳胜地。

2001年以来，余海燕在福建省农业科学院茶叶所、生物所、食用菌所、作物所、土肥所、资源所、工程所的张文锦、朱炳耀、林国强、颜明娟等专家指导下，开展"幸福工程"精准扶贫，在示范推广茶叶、大豆、食用菌等新品种新技术的同时，带动全村208户加入合作社，种植茶园1 200亩，帮助全村贫困户增收脱贫。她本人也入选首届由林文境慈善基金会、《福建日报》助村栏目、滋农游学共同发起的"大地之子"乡村人才培养计划——福建"大地之子"（仅10名），获创业资金15万元，她俨然成为远近闻名的乡村带头人和致富"领头雁"。

以莲为媒，握起精准扶贫的金钥匙

——记科技特派员王长方

| 人物名片 |

王长方，男，1963年生，福建省农业科学院植物保护研究所研究员、农作物病虫绿色防控专家。2014年起担任科技特派员对口帮扶政和县发展莲业，长期在外屯乡开展技术指导、推广莲田种养生态循环可复制推广的综合开发技术模式，在"科技+生态"的产业化模式的金钥匙开启下，促进政和莲子产业持续发展，推动外屯乡成为乡村产业振兴、生态宜居和生活富裕的幸福村。

从十年九灾的低海拔农业乡镇，到坐拥3 000多亩莲田的新兴乡镇，政和县外屯乡在莲子产业发展道路上，有过扩种之忧，也遭遇"莲螺大战"。自科技特派员王长方对外屯乡开展科技帮扶以来，利用"综合防治+生态

王长方指导的莲田生态循环种养技术受到媒体关注

种养"模式，外屯乡莲业发展走上了正轨。

政和县外屯乡地处国家级风景区——佛子山周边，农田地势低，每年下雨易发洪涝灾害，造成农作物欠收，村民经济收入低，贫困户多，青壮年纷纷外出打工维持生计。2009年，时任村主任的许仁寿率先从建宁县引进莲子良种，种植50余亩莲子，当年收获干莲总产量2 500多千克，利润4万多元。近几年土地逐年流转，2018年种植面积扩大到3 000多亩，带动全村40%以上农户种莲子，成为远近闻名的建莲新兴乡镇，极大增添了当地发展莲业的信心，由此，村民组建了政和县农家人莲子专业合作社。

外屯乡的莲子产业发展并非一帆风顺，曾经时常遭遇"莲螺和莲虫大战"。螺虫泛滥成灾，仅福寿螺每平方米的密度就达30 ～ 100个，每年每亩投入灭福寿螺的人工和药物成本高达300元，严重影响了产业发展和村民增收。

2014年，王长方带队，成立了防治专家组，根据斜纹夜蛾和福寿螺生物学特性，应用植保新成果、新技术、新产品，制定可复制推广的绿色防控技术模式。经过综合分析原因，他们推出了以清洁田园+性诱剂诱捕+摘除卵块+及时喷施生物农药+高效、低毒、低残留化学农药的斜纹夜蛾绿色防控技术模式，以及油茶粕冬春灭螺+沟渠和莲田进水口设置双重截拦网+竹竿诱螺产卵+养鱼食幼螺的福寿螺绿色防控技术模式，使一个适合外屯乡的斜纹夜蛾、福寿螺综合防控方案浮出水面。

这些模式针对不同田块，既有化学药物防治，也有绿色防控。经过持续治理，莲田、水渠福寿螺数量显著降低，防控和保苗效果明显，斜纹夜蛾零星发生。药剂和人工成本也相应减少，莲子亩产量增加20%左右，增收1 500～2 000元，在多方努力下，他们全面打赢了"莲螺和莲虫大战"。

螺虫害得到控制后，莲业深入发展等难题还有待攻克。王长方针对合作社外屯乡莲子基地十年九涝、种植单一、病虫危害、莲蓬污染环境、冬春空闲以及生产资料和劳动力成本的增加、合作社莲子利润下降等诸多问题，协调福建省农业科学院食用菌所、数字所、生态所科技人员共同开展科技服务工作，提出莲蓬等废物种植食用菌及栽培料还田循环利用模式，既克服种植单一、连作障碍和环境污染，又延伸了产业链。

同时，他利用国家级风景名胜区佛子山位于外屯乡境内的优势，深挖莲荷产业与乡村生态旅游系列产品，植入农业科技文化。他推出以"荷"等为特征图案的稻田园彩绘，利用冬闲时节种植油菜、紫云英、向日葵等作物衔接夏荷，用莲子、莲叶和莲花为食谱开办特色农家乐，并开发差异化的乡村旅游市场，丰富乡村旅游文化内涵，吸引游客。

如今，外屯乡常年莲子种植面积1 300亩。其中，莲田养鱼100多亩，与食用菌（竹荪）轮作30余亩，莲子年产量65 000千克，竹荪产量4 250千克，莲田套养鱼产量15 000千克，竹鼠6 000只，乡村游人数1.5万人次。当地230多位农民的就业问题得到解决，依靠莲子产业发展，外屯乡洋屯村2018年人均增收1 500元，25户贫困户通过贷款入股建档立卡进入合作社，50多户贫困户通过种植莲子实现了脱贫，年均收入达3万元左右。

这些年来，王长方修订绿色防控技术模式1个，实施扶贫科技项目2项，建立示范点2个，推广植保新技术3项，获福建省科技厅星火项目1项，开展技术培训30多人次，咨询人数80多人次。从开展莲子病虫防治的单一技术扶贫，到实施莲子病虫绿色防控+废物利用+莲田养殖+乡村旅游的莲田种养生态循环可复制推广的综合开发技术模式，再到融入农业科技文化、休闲旅游元素，王长方通过精准定位服务，推动当地莲子产业实现了可持续发展，并成为村民脱贫致富的特色产业，将精准扶贫的理念深入践行在乡村大地上。

实用技术推介

　　福寿螺绿色防控技术模式：油茶粕冬春灭螺+沟渠和莲田进水口设置双重截拦网+竹竿诱螺产卵+养鱼食幼螺防控模式，莲田福寿螺密度较高时，先采用杀螺胺乙醇胺盐药剂防治一次。

　　斜纹夜蛾绿色防控技术模式：清洁田园+性诱剂诱捕+摘除卵块+及时喷施生物农药+高效、低毒、低残留化学农药防控模式，同时，在莲田周边、角落适当种植斜纹夜蛾喜好的植物引诱斜纹夜蛾，然后集中杀灭。

做"接地气"的科技特派员

——记科技特派员余德亿

|人物名片|

　　余德亿，男，1972年生，福建省农业科学院植物保护研究所研究员、生物防治资源利用创新团队首席专家，发起成立花果病虫害绿色防控技术团队科技特派员。2016年起担任省级扶贫开发工作重点县选派科技人员，对口帮扶诏安、平和、连城、松溪等贫困县，精准对接龙头企业、专业合作社、农户，力促农业增效和农民增收，为地方相关产业发展作出积极贡献。

　　做"接地气"的科技特派员是余德亿对自己的追求，他觉得"接地气"首先要了解当地政府、企业及农户的技术需求，才能因地制宜，提供对口帮扶，这样，大家才能"心往一处想，劲往一处使"。因此，在对接前，余德亿势必亲自带

余德亿指导兰花病虫害绿色防控

队到服务点，实地调研了解当地农业产业发展现状及存在的技术问题，细心摸查他们的技术需求，以便精准发力，向他们提供更加系统的病虫害绿色防控技术服务和智力支持。

为此，作为省花果病虫害绿色防控团队科技特派员的发起人，余德亿多次前往诏安县深桥镇、桥东镇、南诏镇、建设乡等乡镇，与乡镇科技特派员工作站对接，实地调研了福果农业综合开发有限公司、福建百秾生物科技有限公司等近10家企业或单位，主动为其提供精准服务，较好地解决了企业、合作社、农户在实际生产过程中遇到的系列问题。

此外，余德亿重视为帮扶对象做好定制服务，重点实施"创业扶贫"和"信息扶贫"两项服务。在诏安县深桥镇瑞凯家庭农场和诏安县华韵兰花专业合作社，针对创业扶贫，他先后组织实施了"福建特色兰花炭疽病菌检测及综合防治技术示范""兰科植物简约化控害技术示范"和"兰花病虫害生防菌筛选及应用示范"等多个扶贫科技项目，开展"滴灌"式帮扶，强化他们的自主创业就业能力和科技致富信心。在福建省福果农业综合开发有限公司和福建百秾生物科技有限公司，针对信息扶贫，他利用新媒体及网络，构建"微信+"服务群，传播、推广、普及科学技术，实现了科技人员、龙头企业主、专业合作社社员、农户之间的实时有效互动。

为了搭建共同致富平台，加强农业信息交流，余德亿尝试在诏安县华韵兰花专业合作社，不定期邀请漳州长泰金诺农业科技有限公司总经理董金龙、福建百秾生态科技有限公司总经理陈南川等农村创新创业人才，向当地大学生、生产企业骨干人员、种植专业大户及当地农民等帮扶对象，分享他们的创业经历及情怀，牵手帮扶对象，共同寻找致富门路，激励他们共同致富。同时，他也借助这个平台，定期宣讲国家最新的惠农政策和热区花果病虫害绿色防控技术方案，帮助当地培养一批技术人才。

余德亿借此提出的"简约化控害技术"理念，通过"科研单位+企业/合作社+农户+互联网"的产学研服务模式，"以点带面"辐射周边农户，相关技术措施也被广泛应用于全省的铁皮石斛、多肉、兰花、百香果等花果产业链和技术链，扶持指导农户生产、发展和创收。通过共享经验的模式，农民的思想意识从个体到群体得到显著提高，新技术也由少数农民的应用变为多数农民的采纳行为。

这些年来，余德亿在诏安、平和、连城、松溪等省级扶贫开发重点县及各有关农业科技园区，累计精准对接龙头企业及专业合作社11家，实施扶贫科技项目8项，建立简约化控害技术示范点6个，推广植保新技术8项，推广应用面积1 200多亩；创建"微信+"服务群和共同致富平台，编制实用技术手册5本，开展技术培训800多人次，发放科技精准扶贫致富信息及技术培训材料1 500多份。帮扶农民户均年增收1.8万元以上，带动当地贫困户100多户，逐渐开启了农民的"致富梦"。

余德亿服务的两家企业还被增列为福建省科技型企业，并帮助服务企业在第五届"创青春"福建省青年创新创业大赛中荣获乡村振兴计划成长组一等奖；他主持的

"隆丰黑李优良单株选育、规范化栽培及商品化处理技术研发与示范推广"项目，更获得由科技部、农业部主办的中国首届科技特派员农村科技创新创业大赛二等奖。余德亿的帮扶事迹也得到《科技日报》《中国绿色时报》《福建日报》和福建电视台等多家媒体的报道。

一分耕耘一分收获，余德亿始终用"接地气"来要求自己，也用"接地气"的服务帮扶对象，助力"三农"发展，在种植户心中，科技特派员余德亿不仅是技术专家，也是了解他们需求的"心上人"。

实用技术推介

简约化控害技术：这套技术是在系统思维指导下，利用科学的方法，将植物控害主题以外的枝节因素尽可能地剔除掉，优化植物控害流程，提高植物控害效率，创造更佳保护效益的一种高效管理方法。例如：通过对兰花种植全过程的简约化控害，可提高兰花病虫害的防控效果10%～20%，减少化学农药的使用量20%～30%，降低控害成本30%～40%，兰花商品合格率提高15%～20%。

率领兽医"110"，30年扎根"三农"服务一线
——记科技特派员江斌

| 人物名片 |

江斌，男，1964年生，福建省农业科学院畜牧兽医研究所高级兽医师。1997年6月，推动成立福建省农业科学院畜禽水产疾病诊疗中心，深耕畜禽养殖科技服务领域，不断输出现代养殖理念与技术，累计诊断各类畜禽疾病14多万例，治愈率高达90%以上，接受电话咨询"盲诊"30多万人次，下乡下场2 000多人次，举办300多场技术讲座，为养殖户减少因疫病造成的经济损失达10多亿元。

江斌诊察养殖山羊健康情况

1984年江斌大学毕业后分配到福建省农业科学院畜牧兽医所，工作至今，已服务养殖业35年，自1997年福建省农业科学院畜禽水产疾病诊疗中心创办以来，他率领团队20余

年坚持全年365天每天全科门诊，使现代兽医"防重于治"的理念扎根八闽，被媒体和农民尊称为兽医"110"。

成为福建省科技特派员后，江斌更加醉心于科技服务。他每天要接50～100个的咨询电话，早上7点上班、傍晚7点下班。为了让农户直观了解掌握畜禽防疫知识，他只能利用晚上时间整理病案。先后编著了《猪常见病防治》等15本科普书籍，印发20余万册。他几十年如一日，默默付出，忘我工作，为福建省养殖业的规模化、集约化发展作出了重大贡献。

365天无假日：提供"全天候"和"全科式"服务

从20世纪90年代开始，福建省畜牧业进入一个快速发展时期，省内涌现出许多不同饲养规模的养殖户。这些养殖户中绝大多数都处在养殖的起始阶段，没有经验，更缺乏相应的饲养管理技术和疫病防控技术。在此背景下，1997年6月福建省农业科学院畜禽水产疾病诊疗中心应运而生。

诊疗中心成立以来，江斌带领诊疗中心科技人员通过门诊服务、下乡下场，通过举办各种科技讲座等方式，不断向养殖户输送现代化畜禽养殖新技术以及疫病防控、诊治技术，为养殖户提供"全天候"和"全科式"的科技服务，365天没有节假日提供产前、产中、产后各个环节"全链条"的技术支撑。

在江斌带领下，诊疗中心全年365天每天有人值班，每天早上七点到晚上七点时刻有人在岗，连正月初一也不例外。这么多年来，江斌从没主动旅游过一次，连体检也是十几年才去一次。2012年，福建省农业科学院创办了"12396三农科技服务呼叫平台"，江斌提出在下班后和节假日把呼叫平台电话转接到他手机上来处理，这样，他就可以坚持24小时接听农户电话，解答农户在养殖过程中遇到的技术难题。最多的时候，他一晚上能接到10多个农户的咨询电话。江斌为人亲切，无论咨询到多晚，他都不厌其烦，而多数人连面都没见过，也没问过对方是哪里人、叫什么名字。

上班接受问诊，下班也不例外，于是江斌陪伴家人的时间就少了，连母亲离开人世的那一刻，他也没能在母亲床前尽孝。江斌原来住在福建省农业科学院大院内，但诊疗中心在福州市仓山区盖山镇后坂村。当时，骑自行车上班要一个多小时。他常常是早上五点多出门，赶在七点前到诊疗中心服务基层群众。为了有更多时间与农户交流，他说服妻子从条件不错的福建省农业科学院宿舍搬到盖山镇租农民自建的简易房屋居住，孩子就只能寄养在岳父母家，学习、教育全由岳父母操劳。

"一年到头365天，没有一天找不到他的。他陪我下乡时，人坐在车上，咨询电话也不间断。"福建省农业科学院畜牧兽医所所长黄勤楼这样评价江斌。实实在在为农户着想，急农户之所急、解农户之所忧，他通过自身实践，影响着诊疗中心的其他同事，既练就了门诊、解剖、化验、用药、电话盲诊等本领，也潜移默化提升了全中心的科技帮扶意识和服务水平。如今，他带领的科技服务团队俨然成为福建省农业科学院服务全省乃至周边省份养殖户的一个重要窗口，兽医"110"的名头也成为诊疗中心的金字活招牌。

找准企业需求：提供"保姆式"精细化服务

近年来，随着福建省畜牧业产业结构的调整、畜禽粪污治理工作的不断深入以及各城市城区面积不断扩大，福建省畜禽养殖户正悄然转型，小型养殖户以及不具备畜禽养殖条件的养殖场逐渐被淘汰。在养殖场数量急剧减少的情况下，为了更好地服务养殖行业，江斌主动与保留下来的规模化养殖场开展技术对接，采取"保姆式"精细化模式展开科技服务。

在他的带领下，诊疗中心科技团队正将工作重点转到服务全省300多个规模化畜禽养殖场，积极参与这些规模化养殖场的技术改造和产业升级，在产前、产中、产后全链条提供精细化服务。福州市连江县丹阳镇华翔蛋鸡场就是江斌作为科技特派员服务的重点企业之一。该鸡场位于连江县丹阳镇新洋村，鸡场刚起步时只养殖3 000羽蛋鸡，条件简陋，疫病频发，经过江斌多年来的帮扶和技术改造升级，该鸡场已经发展成为国家级蛋鸡养殖标准化示范场、全国农技推广示范基地等多项示范推广基地，目前存栏蛋鸡20万羽，年销售额达4 000万元。

在服务华翔蛋鸡场的过程中，江斌通过向养殖户提供相应的售后服务（即保姆式精细化服务），长期向华翔蛋鸡场提供必需的防疫疫苗、科技新产品和相关技术，实现了产学研用的深度融合。同年，江斌进一步升级了他的科技服务工作，他与华翔蛋鸡场联合发起企业与专家合作项目——鸡场疫病防控的关键技术研究，从种苗、饲料、管

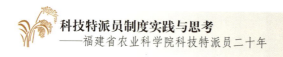

理、防疫以及蛋品5个方面入手进行研究，经过两年多的研发，生产出备受消费者欢迎的"无抗蛋"。

鸡蛋里的抗生素残留问题是社会关注的热点，也是政府十分关切的问题，更是众多养殖场面临的技术瓶颈。"无抗蛋"的成功研发可以说是江斌科技特派员工作与社会需求结合的生动实践。这项技术使华翔蛋鸡场所生产的鸡蛋完全做到无抗生素残留，同时蛋鸡的产蛋性能也较大幅度提高，每只鸡年产蛋量由原来的15千克提高到19千克，生产的鲜鸡蛋还获得2017—2020年农业农村部无公害农产品认证以及2016—2019年福建省无公害产品产地认证，这一项目的研发成功每年为企业增加经济效益400万元。

如今，华翔蛋鸡场养殖成活率可达95%以上，鲜有疫病发生。此外，江斌还与晋江市绿色保健蛋品有限公司、漳州市素一农牧有限公司、南平市延平区圣鑫蛋鸡养殖专业合作社等建立了类似的协同合作关系，通过科技创新，赋能生态养殖。几乎每周他都要安排时间到省内大中型的养殖场进行技术指导，包括人员培训和防疫指导，这样就可以把科技送下乡，让成果得到转化，也让养殖产业发展壮大。

科技服务华翔蛋鸡场仅是江斌服务全省300个规模化养殖场的一个缩影，他长期与规模化养殖场保持密切联系，从单一技术输出的小服务模式走向互惠互利、协同创新、共同创业的大服务模式，使科技特派员发挥出最大作用，让服务工作更好地为企业增效、增收助力。

"希望将来的畜禽不生病或少生病，畜牧生产环保、农民增收。"这就是江斌简单又朴实的梦想。

从小山羊到"致富羊"的创变

——记科技特派员李文杨

| 人物名片 |

　　李文杨，男，1972年生，福建省农业科学院畜牧兽医研究所草食动物研究室副主任、副研究员，主持和参加国家及福建省科技厅、福建省农业科学院项目20多项，编撰多部山羊养殖技术专著，曾获得福建省科学技术奖二等奖、国家授权专利10余项、福建省牧草新品种认定2个。兼任中国畜牧兽医学会养羊学分会常务理事和福建省畜牧兽医学会草食动物学分会常务理事。多次被授予福建省农业科学院科技下乡"双百"行动和科技服务工作先进个人。

　　1997年，李文杨从福建农业大学毕业后分配到福建省农业科学院畜牧兽医研究所工作，此后便开始与山羊"打交道"。2011年起，作为科技特派员长期为福建肉羊养殖业提供技术支持。工作20多年来，他创新研发了多项新技术、新品种，示范推广肉羊高效舍饲新技术、母羊高繁技术、羔羊早期断奶技术、肉羊快速育肥技术等新技术10多项，为企业及养殖户解决生产上的技术难题。其中，"肉羊高效养殖关键技术"成为福建省2018年农业主推技术之一，为广大养殖户借鉴应用，有力促进了福建省草食动物

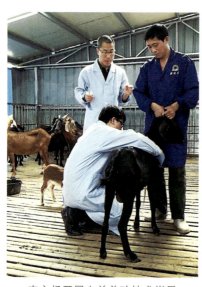
李文杨开展山羊养殖技术指导

的健康和可持续发展。

羊肉是福建5大主要畜禽产品之一，随着人们对优质羊肉的需求不断增加，福建省肉羊产业呈现逐年增长的趋势。但福建省肉羊养殖多为小群自繁自养，主要采取传统的全放牧和半圈养模式，限制了肉羊养殖业的规模化发展。为了推动福建省肉羊产业快速发展，李文杨潜心研究，制定了福建省地方标准——《山羊舍饲规模养殖技术规范》，指导企业进行肉羊的标准化生产，内容涵盖圈舍要求、引种、饲料、饲养管理、繁殖技术、防疫与兽药使用、卫生消毒、病死羊处理、废弃物处理和生产资料记录要求等关键环节，引导企业进行规范化生产，有效提高企业生产效率和促进企业增效、农户增收。

福建建宁海宏达生态农业公司是李文杨重点帮扶的企业之一，该公司地处建宁县与江西省交界的客坊乡，是典型的山区农业乡，也是市级重点扶贫开发乡。由于地处偏远，建宁人戏称这里是福建的"西伯利亚"。为克服山高地贫、人多地少的不利因素，进行产业扶贫攻坚，2014年，作为省级扶贫开发工作重点县选派的科技人员，李文杨从示范推广山羊舍饲先进技术，帮助企业提高科技水平和促进羊产业发展入手，探索"支部引领、党员带头、企业帮扶、农户主导"的新模式，促进企业和贫困户联动发展，带动贫困户共同脱贫致富，也使该公司发展成为具有示范带动功能的农业龙头企业。在此基础上，李文杨与企业及客坊乡政府合作，创建了精准扶贫"12345模式"，即1个贫困户，养殖20头山羊，种植3亩牧草，建40平方米羊舍；做到五个统一：统一养殖标准、统一技术指导、统一科学管理、统一科技服务、统一市场营销，产业发展和精准扶贫工作同轨而行、同步建设。

该模式主要是委托农户在公司或自己基地内养殖黑山羊，企业通过优惠提供种苗、统一技术指导和管理、上浮价格收购的方式，鼓励有劳动能力和经营能力的贫困户，参与公司饲草、甜玉米种植和肉羊养殖环节，让贫困户减少生产成本，放开手脚发展生产，促进企业和贫困户联动发展。对有劳动能力无经营能力的贫困户，则通过培训让他们成为公司员工，通过自身劳动致富，从此改变贫困户过去那种等、靠、要政府扶持的传统理念。

如今，客坊乡的8个行政村建立了10个集中托养孵化基地，贫困户到企业基地务工300余人次，实现106户338人养殖山羊脱贫致富。客坊乡因此实现了贫困户"整村推进、全乡铺开"发展黑山羊特色养殖业，取得了良好效果。同时，李文杨引进种植的"海克里斯""美克斯"、甜高粱"大力士"及皇竹草等优质牧草品种还带动了周边的宁化县、沙县种植牧草面积超3 000亩，同时带动养殖山羊10万余只。在李文杨的科技服务和企业帮扶下，贫困户

的综合素质得到了显著提高，农户们脱贫致富的信心得到了增强，黑山羊也成为该乡及周边乡镇贫困户眼中的"致富羊"。

以"科技人员＋公司＋贫困户"有机结合的模式，将地方主导产业、重点龙头企业、贫困养殖户结成命运共同体，充分发挥了产业龙头企业的带头作用，既让贫困户增加收入，又让企业提高收益，实现了贫困户与企业的双赢局面，李文杨的科技精准扶贫实现了从小山羊到"致富羊"的创变，真正做到了将乡村振兴、精准扶贫落在农村大地上。

实用技术推介

山羊高效舍饲养殖技术：山羊高效舍饲养殖有利于形成饲养规模，提高产品质量和养殖效益；有利于生态环境的改善，减少对生态资源的过度利用，是今后山羊养殖的主要模式。要提高山羊舍饲养殖的经济效益，必须真正掌握舍饲养殖关键技术，达到优质、高效、生态养羊。

倾情科技服务　助力牧业发展

——记科技特派员王隆柏

人物名片

　　王隆柏，男，1977年生，福建省农业科学院畜牧兽医研究所副研究员，挂职南平市延平区副区长，主要从事生态环保养殖及猪病防控技术研究、示范与推广工作。2014年起担任科技特派员，为福建生猪养殖业解决生产过程中的诸多问题，在猪群疫病诊断与防控方面，为养殖户把脉问诊，提供防控思路及措施，为生猪环保健康养殖、乡村振兴奉献力量。

　　王隆柏2002年毕业于福建农林大学兽医专业，同年被分配到福建省农业科学院畜牧兽医研究所，此后他便开始从事本职工作，把生猪养殖作为他的主战场。他觉得，学一行，就要爱一行，服务一行，17年来他奔波于实验室与养殖企业之间，常

王隆柏指导生猪非洲猪瘟防控技术

利用节假日时间，深入基层一线开展技术指导。他觉得，能成为科技特派员大家庭中的一员，是一件荣幸的事，与此同时，他肩上的担子更重了。

2014年，王隆柏在三明市清流县开启了科技特派员科技服务的第一站。清流与福州相距较远，下乡交通多有不便，深入农村开展技术指导过程中，也常伴随着各种困难。但作为农民的孩子，他深知农民创业的艰辛以及对科技服务的渴求，任何问题他都不遗余力、倾囊相授。他围绕生态养殖和疫病防控两大主题，指导养殖户发展"漏缝地面－免冲洗－自动/人工清粪"生态环保养殖等模式，开展猪群重要疫病防控关键技术示范，并推动实现了养殖"源头减排，过程控制，末端利用"技术，使养殖户经济效益显著提升。

一直以来，农业科技创新与科技服务是农业科技工作者的主旋律。2017年他前往南平市延平区挂职，并作为省级科技特派员服务南平华禾农牧发展有限公司。南平市延平区是全国牧业养殖大县，高峰时期全区有四分之一农户从事生猪养殖及相关行业，年产畜禽固液粪便5万吨、固液废弃物近2 000万吨，生态环境污染困扰着延平区。

为了整体推动延平区畜牧业朝着生态健康的方向发展，王隆柏挂职延平以来，做的第一件事就是着力示范推广生态环保养殖技术。2017年，延平区大力开展了畜禽污染整治，拆除猪场5 722家，仅保留规模猪场71家。下一步要做的就是如何对保留下来的规模生猪养殖场进一步巩固、提升生态环保养殖成效。当时，王隆柏以南平华禾农牧发展有限公司为示范场（养殖小区），帮助企业进行科学规划布局，集成示范了"漏缝地面－循环用水－种养结合"生态环保养殖新技术。此后，该技术辐射带动了全区规模猪场进行生态节能环保养殖，实现了养殖生态环保与废弃物资源利用，有效促进了养殖与环境保护和谐发展，取得了较好的生态效益。

生态养殖并轨后还面临着猪群疫病防控的问题。2018年8月3日，国家首例非洲猪瘟在辽宁省发生，虽然延平区对该病防控极其重视，已提前做了严密部署，但在2018年12月23日仍暴发了非洲猪瘟疫情。面对突如其来的非洲猪瘟疫情，王隆柏顶住压力，连续4天通宵达旦现场参与生猪无害化处置工作，指导全区从疫病始发疫区封锁、流行病学调查、疫点疫区现场处置和消杀等方面入手，开展了近一个半月的疫情控制工作，直至2019年2月7日疫情才解封。

经过42天的非洲猪瘟防控坚守，延平全区取得了较为理想的防控成效，生猪规模养殖场生物安全体系得到显著提升，养殖场疫病防控技术水平也获得提高，全区生猪产业健康、持续发展势头得到进一步保障。这些年来，王隆柏通过举办会议、技术讲座及技术咨询等方式，竭尽所能开展科技培训服务，整体提升了延平区养殖行业的科技含量和技术水平。同时，延平区生猪养殖业也朝着规模化养殖和生态化养殖方向转型升级，告别了传统粗放的生猪养殖方式，向现代畜牧业发展。

多年来，王隆柏始终坚守"以发展畜牧业生产为己

任，用党员先进性标准要求自己"，一直致力于生猪生态
环保养殖及疫病防控技术研究、示范与推广工作，练就了
扎实的理论知识，积累了丰富的生产经验，培养出较强的
业务能力，有效促进了畜牧业良性发展，实现了经济、生
态和社会效益多效合一。

小知识

　　非洲猪瘟(简称ASF)，是一种急性发热传染性很高的滤过
性病毒所引起的猪病，其特征是发病过程短，但死亡率高达
100%，临床表现为发热、皮肤发绀，淋巴结、肾、胃肠黏膜
明显出血。此病自1909年在肯尼亚首次报道，一直存在于撒
哈拉以南的非洲国家，2007年以来，非洲猪瘟在全球多个国
家发生、扩散、流行。2017年3月，俄罗斯远东地区伊尔库茨
克州发生非洲猪瘟疫情，2018年8月3～15日，我国辽宁沈
阳、河南郑州、江苏连云港3个相隔很远的地区，接连发现3
起非洲猪瘟疫情。当年，非洲猪瘟被评为2018年度社会生活
类十大流行语之一。

猕猴桃医生的"三农"情结

——记科技特派员团队首席专家陈义挺

人物名片

陈义挺，男，1972年生，果树学博士，硕士生导师，福建省农业科学院果树研究所副研究员，主要从事南方落叶果树栽培育种与生物技术研究。现为中国园艺学会猕猴桃分会常务理事、国家猕猴桃科技创新联盟常务理事、中国生物技术学会植物组织培养与快繁脱毒分会理事、福建省农业科学院"落叶果树科技服务团队"首席专家，民革福建省委直属省农业科学院支部主委。

"这株猕猴桃挂满了果实，为什么叶子却枯萎了？"陈义挺带领福建省农业科学院果树科技服务团队成员到南平市政和县铁山镇向前村猕猴桃基地现场指导时，猕猴桃种植户吴昌富着急地询问着，再过一个月"黄金果"猕猴桃就成熟了，现在却出现了"枯死"现象。"挂果太多，营养供应不上。"面对吴昌富的咨询，陈义挺查看了株藤，指出了症结所在，吴昌富悬了好几天的心终于放松了下来。

充当"医生"为果农的猕猴桃提供"诊治"，是陈义挺作为省级科技特派员的工作常态，2004年陈义挺就自愿

申请加入福建省科技特派员队伍。一直以来，他以开展科技服务、致力"三农"发展为己任，以组装集成创新与示范推广先进实用技术为目标，对接企业、合作社与困难农户，精准施策、开出"药方"，为科企互利双赢、农民增收、产业发展作出了积极贡献。

陈义挺为果农的猕猴桃提供"诊治"服务

挂职政和以猕猴桃串起大产业

陈义挺是福建民革党员，2014年福建省省委组织部与统战部联合组织安排他到政和县挂职，希望发挥其专业特长优势帮扶政和发展。时任政和县委书记廖俊波问他："政和满山遍野长着野生猕猴桃，能不能转化为产业？"过后，陈义挺开始跋山涉水地调研政和野生猕猴桃，最终根据政和独有的高山平原二元地理气候，引种了华特、金艳、东红、黄金果等十几个猕猴桃品种，在铁山、外屯、杨源、星溪等乡镇建立了800多亩的猕猴桃基地。

引进品种后，陈义挺就在各村镇举办培训班教技术，帮忙苗木把关，指导种植、栽培管理等。他每个月都会从福州到政和县各猕猴桃基地走走看看，发现问题就及时教种植户解决办法。走得多了，村里老人和小孩就都认识他了，看他长得文文静静、戴着眼镜，就亲切地叫他"陈老师"，许多种植户还常常主动联系他，请求技术指导。

虽然挂职时间很快就结束了，但陈义挺每年还是会回政和义务给种植户指导猕猴桃栽培管理技术，当一名乡间"猕猴桃医生"。在他指导下，果农吴国金种了8亩猕猴桃，2017年，三年生的"金艳"猕猴桃挂果、长势喜人，单株就挂了380个果，共重30多千克，通过周边游人体验式采摘，每千克卖到32元，亩产值达到了5万元。经他引领，铁山镇向前村76户村民种了220多亩猕猴桃，2018年共产4万千克果实，由村委统一收购，销往福州、厦门、泉州、漳州、杭州等地，为村民创收近100万元，村财政也实现零的突破，有了3万元收入。

推广猕猴桃产业是落实精准扶贫政策的可行途径，也是实施乡村振兴战略的有效举措，已成了政和县多数村落"一村一品"特色产业。陈义挺每年回到政和推广猕猴桃产业时，总有人问起他为什么每年都回来，他总会说："不忘初心，为了当时的承诺。"

在陈义挺牵头下，福建省农业科学院和政和县达成了"院县合作"，每年输送一批技术人才到政和帮扶。政和县现有省级科技特派员包括技术扶贫专员共90多人，分别在"院士工作站""星创天地""重创空间"等平台，通过技术指导、项目申报、院校专家对接等形式，服务着政和第一、第二、第三产业的发展。

集成推广科技帮扶助产业脱贫

2018年，陈义挺被选为福建省农业科学院"落叶果树科技服务团队"首席专家，并由他发起建立果树团队科技特派员，针对猕猴桃等果树产业升级的技术瓶颈，深入福建省果树基地开展技术指导与培训，解决企业难题。

2018年4月7~9日，福建产区猕猴桃遭"倒春寒"霜冻危害，特别是早熟的猕猴桃危害更严重。4月3日陈义挺从气象部门预告事先得知福建即将来临大面积的霜冻，就及时通过电话、QQ群、微信群发送了霜冻预报信息，并提出猕猴桃遭"倒春寒"具体抗灾方案，及时发送给福建省各个猕猴桃基地和种植大户；冻后，他连续奋战猕猴桃果园抗冻救灾工作第一线，指导果农实施各项恢复措施，为各猕猴桃科技示范基地和果园挽回经济损失600多万元，地方领导和种植户对此连连称赞。

2018年，陈义挺还帮扶宁德市五姐妹农业开发有限公司，采取"务工为主，土地入股、承包管理、包购包销为辅"的举措，实现基地与贫困群众共同发展。该公司每年用于支付务工人员的工资就有 120 万元左右，并将 12 户建档立卡贫困户纳入帮扶行列，目前已帮助 12 户脱贫，董事长缪带弟还获得"福建省三八红旗手""2018 年福建省农村创业创新项目大赛三等奖"等荣誉。

这些年来，陈义挺在做科研的同时，大多数时间都在做科技推广与生产服务工作。从基地选址到建园规划，从制畦整地到栽苗种植，从四季管理、病虫害防治到采摘运输，他都全程参与，悉心引导，手把手辅导。他先后在政和、建宁、延平、明溪、周宁、邵武、寿宁、长汀、柘荣等 20 多个县（市、区）建立猕猴桃示范推广基地，其中包括在 14 个省级贫困县山区农村开展猕猴桃等果树高效种植技术集成示范与推广服务，推广果树新品种 16 个、新技术 8 项，建立示范面积 3 000 多亩，辐射推广 10 万多亩，对当地产业转型升级、行业技术提升、农民脱贫致富起到了重要引领和带动作用，推动了经济社会生态效益多效合一。

从 2004 年担任科技特派员起，他联系、走访企业（合作社）18 家，开展技术培训 50 多场次，编写培训课件 30 余份，解决企业难题 20 余项，培养农村致富能手 12 个，培训基层技术人员 400 多人次、基层一线田间操作人员 2 800 余人次，赢得农户、企业、政府的广泛好评。

他通过"解民忧、办实事"，助力产业脱贫、乡村振兴事业，先后获得福建省农业科学院"双百"行动先进个人、院科技下乡科技扶贫先进个人等荣誉，他还被评为"民革全国社会服务先进个人"，受到民革中央的表彰。

他的科技服务"三农"事迹得到新华网、《海峡都市报》、福建电视台等多家主流媒体的报道。看着猕猴桃从引种到逐渐成为福建省政府重点推广和发展的特色果类之一，他很欣慰。他自觉，在产业脱贫这条路上，还有很长的路要走……

一个梨专家的产业扶贫路

——记科技特派员黄新忠

人物名片

　　黄新忠，男，1962年生，福建省农业科学院果树研究所落叶果树研究室主任、研究员，国家梨产业技术体系福州综合试验站站长。自2004年担任科技特派员以来，通过在福建省落叶果树主产区建立联合技术创新中心和科技示范基地，开展科研攻关和技术服务，探索了一条科技服务助推果业升级、农民增收之路，为福建果业发展，特别是建宁县黄花梨产业发展，做出业界公认成绩，得到当地政府和农民的高度肯定和评价。

　　福建地处我国南方落叶果树规模栽培种植的南沿，虽热量充足、雨量充沛，早熟优势明显，但由于区域差异性栽培技术研发与推广相对滞后，产量不高、品质欠佳、效益低下等问题始终困扰着全省落叶果树产业持续

黄新忠指导黄花梨整形修剪技术

稳定健康发展。为了尽快摆脱这一困境，多年来，黄新忠以科技特派员身份，长期奔波于建宁、清流、明溪、建瓯、德化等落叶果树产业重点县(市)，与一些落叶果树种植企业、专业合作社、家庭农场、种植大户建立长期技术帮扶协作关系，建立示范园3 950亩，辐射带动周边果农865户，覆盖面积1.5万亩，2009—2018年示范基地累计增加产量1.2万吨、收入超过4 800万元以上。

在黄新忠帮扶的企业中，建宁县绿源果业有限公司2008年以前多年处于亏损或保平生产经营状态，2009年经他分析把脉，采取建立"园中园"等办法，组装集成示范推广梨、黄花菜、猕猴桃新品种及避雨栽培、棚架栽培、水肥一体化、人工辅助授粉等增产稳产、提质增效技术，实现产量970吨、收入285万元、利润82万元，一举扭亏为盈，从2015年开始，产量、收入、利润分别持续稳定在1 500吨、500万元、160万元以上，极大地提振了企业未来的发展信心。

清流县是全省规模最大台农2号蜜雪梨的生产基地县，面积曾达1.5万亩，由于栽培技术跟不上，导致产量低、品质劣、效益差，至2008年面积锐减至1万亩以下。获知这一情况后，黄新忠主动与清流县农业局取得联系，了解现状，分析原因，制定对策。他以嵩口镇围埔村村办梨场为突破口，建立了低产劣质台农2号蜜雪梨园改造技术集成示范园200亩，经他密集技术培训、现场技术指导与示范操作，自2010年起，蜜雪梨综合生产终于出现亮丽转身，亩产持续保持2 500千克，200克以上优质果率达到82%，亩收益5 218元以上，成为全省栽培产量、质量、效益最好的台农2号蜜雪梨园，带动周边大量抛荒半抛荒台农蜜梨园仿效改造。

许多果农深情地说："要不是黄新忠的技术帮扶，清流县的台农2号蜜雪梨可能要濒于灭迹……"。同样是2010年，他的应急反应也为福建落叶果树产区防止灾害、挽回经济损失作出了重大贡献。

2010年3月5～11日期间，福建落叶果树产区正值开花幼果期，却连遭冰雹、雨雪、霜冻危害，范围之广、温度之低、受害之重前所未有。为此，他连续奋战在抗冻救灾工作第一线，在冻前根据天气预报迅速做出灾害预测，提出抗冻救灾预案，协同推广部门组织果农落实熏烟、喷施防冻剂等防冻措施，把灾害损失降到最低限度。尤其是建宁县福胜果业有限公司2010年刚承包权属建宁县农业局的建宁县果树示范场梨、桃园200亩，面临绝收境地，在他提供的针对性技术支撑下，梨、桃总产量仍达175吨，收入达56万元。

2011年，黄新忠将福建省"现代农业果树品种改造项目"的示范园落在了明溪县胡坊镇林宝生态梨园，该园连续几年在黄花梨上采取高接翠玉梨换种，但改造速度偏慢，成效没有充分显现出来。为此，黄新忠深入果园现场把脉诊断，手把手传授农户他本人多年研究的实用型疏导法梨整形修剪新技术，为翌年丰产果大质优创造条件。参加培训的农业大户对这种技术非常赞赏，纷纷认为现场培训、手把手教学新技术，对提高他们的梨树栽培管理水平

有很大帮助，也让他们信心十足。

　　除了疏导法梨整形修剪新技术，多年来，针对长期困扰福建梨、桃产业持续稳定健康发展的重大关键共性技术，黄新忠历经多年潜心研究，不仅明确了长期悬而未决的主要诱因，而且在综合防控措施上取得众多突破性进展，并通过示范带动、技术培训得以普及推广，累计辐射带动落叶果树"五新"推广27万亩、新增产值4.8亿元；在突发灾情和重大疫情面前彰显出科技服务所发挥的重要作用，累计挽回经济损失1.2亿元，赢得了地方领导与群众广泛赞誉，并多次作为科技服务典型事迹得到相关媒体报道。

实用技术推介

　　疏导法梨整形修剪新技术：该技术是一个仿棚架整形修剪新技术，它主要是通过对树冠上抽生粗壮的直立枝，通过绑扎，使其斜生，运用其上段发育充分的花芽，形成质量优良的结果枝，可为收获大果、质优果奠定良好基础。

把"小"玉米做成"大"文章

——记科技特派员陈山虎

人物名片

陈山虎,男,1962年生,福建省农业科学院作物研究所研究员,长期致力于玉米新品种选育和示范推广工作,在鲜食玉米新品种选育及栽培技术、特色旱作作物及部分蔬菜专业方面有专长,在推动地方玉米产业提升、解决企业品种缺乏、实施科技扶贫等方面作出了积极贡献、成效突出,2008年起担任科技特派员,2010年被评为"福建省科技特派员先进个人"。

1983年从福建农学院农学系毕业后,陈山虎被分配到福建省农业科学院作物所,开始长期从事生态农业和作物育种工作,此后便开始主打玉米研究。2000年,他开始主持福建省科技厅特种玉米新品种选育课题,育

陈山虎指导农户玉米种植技术

83

成闽玉糯1号、闽紫糯1号、闽甜107、闽糯0018共4个新品种，并通过省级审定，成为当时福建省玉米的主推品种。他主持的"糯玉米新品种闽玉糯1号"还获2005年度福建省科技进步三等奖。

出于对"三农"工作的深厚情感，他把自己作为科技特派员的服务领域拟定在闽北、闽东贫困地区，高海拔山区的广大种植农户。为提升农户的种植技术水平，他根据实际情况，积极采取不同形式的培训，将种植技术通过各种渠道传送到农户手中。首先在引进项目初期，注重技术骨干培训，让技术骨干现场跟班学习观摩，不断扩大学习观摩规模。推广种植面积不断扩大后，他就开始组织举办各种规模的培训班，将种植过程拍摄成声像资料讲解示范。这些年来，他先后组织举办鲜食玉米生产技术培训班20多次，培训技术骨干50多人，培训种植农户1 000多户，发放光盘225份，技术资料300多册。

长期在基层工作，陈山虎觉得自己的技术专长也有局限，但他热心为山区农民提供服务，一旦遇到自己解决不了的生产难题，他就会写在本子上、记在心里，再带回福建省农业科学院寻求解决办法。有一回，陈山虎在宁德市蕉城区赤溪镇辅导鲜食玉米种植时，发现这里是果蔗主产区，种苗退化问题长期得不到解决，于是直接将镇有关领导及果蔗合作社负责人接到福建省农业科学院，通过与专家商谈，最终找到了解决问题的办法。

2013年，他开始与省级龙头企业——福建跃农蔬菜开发有限公司合作承担了两个以上省科技重大项目，推广优质鲜食玉米5万多亩，为公司新增效益1 000多万元，创造区域经济效益8 000多万元，培训从业人员70多人。在科技帮扶该公司期间，他还深入屏南县岭下、双溪、棠口，蕉城区石后、金涵、漳湾和周宁县的乡镇，进行生产情况调查，研究解决农户需求，并在屏南县高山农业发展有限公司建立科研示范平台，在该屏南县农业生产滞后、发展潜力较大的岭下乡建立中心示范基地。

以企业为平台，边示范边推广，通过点面结合，陈山虎的工作效率不断提高。除了解决玉米的示范推广问题，陈山虎先后引进了自育的鲜食玉米、花椰菜和马铃薯等优良品种20多个及关键配套技术。他结合闽北、闽东高山气候特点，利用企业的基地及资金等有利条件，开展集中示范，不断总结，做到成熟一个，辐射推广一个。在他作为科技特派员开展帮扶期间，先后有12个新品种及相关技术在屏南县及蕉城区相似地区得到推广，建立生产基地3 000多亩；在永安及大田等鲜食玉米主产区推广种植2万多亩鲜食玉米良种，并推广配套技术，新增效益4 000多万元。

解决了品种、推广等问题后，陈山虎还为企业、农户寻找销路。为了尽快将技术优势和产品优势转化为市场优势，让企业及种植农户增收增效，他主动与大型销售企业——永辉集团采购部联系，在这些作物生产过程及产品收获初期，设法引荐永辉集团有关人员到实地了解、考察。经他介绍，永辉集团对陈山虎帮扶的基地品种优势、高山无公害生产技术及最佳采收期选择等内容有了充分认同，促成该集团与屏南县高山农业发展有限公司达成了长期合作采购的合同，并达成该集团在当地挂牌定点收购福建省农业科学院指导生产的有关产品的合作模式，将生产订单通过公司发放给广大种植农户，让农户实现订单式种植、精准脱贫。

如今，在陈山虎的努力下，屏南县岭下、双溪、棠口等乡镇示范推广自育鲜食玉米高山反季节无公害生产技术达 5 000 多亩，辐射推广 4 万多亩，鲜食玉米也成为屏南新的特色蔬菜龙头产业。陈山虎的科技特派员实践，把小小的玉米做成了农业全产业链，并最终为屏南乡村振兴事业作出了重要贡献。

小知识

鲜食玉米是指具有特殊风味和品质的幼嫩玉米，也称水果玉米。和普通玉米相比，它具有甜、糯、嫩、香等特点。从品质上分有甜玉米、超甜玉米、甜糯玉米等；从籽粒颜色上分有黑色、紫色、黄色、白色等。随着人民生活水平的提高，市场对鲜食玉米的需求越来越大，近年来鲜食玉米在市场上处于一种供不应求的状态，市场前景可观。

魂牵梦绕，只为甘薯愈发"甘甜"

——记科技特派员邱永祥

| 人物名片 |

　　邱永祥，男，1971年生，福建省农业科学院作物研究所研究员，长期从事甘薯科研与示范推广工作，是福建省著名的甘薯专家。以科技特派员身份开展科技服务的十几年中，他坚持以品种、技术示范推广为先导，面向全省甘薯重点薯区、重点县，在区域性产业技术提升、解决企业关键技术问题等方面踏实服务，为福建省甘薯产业的发展做了大量的实实在在的工作。

　　邱永祥毕业于福建农林大学生命科学学院，毕业后就被分配到福建省农业科学院专攻甘薯、马铃薯育种及栽培生理研究，他以科技成果的示范推广为己任，以大力发展福建省甘薯产业为目标，十几年来，他的努力也让福建的甘薯产业

邱永祥推广甘薯新品种

愈发"甘甜"。

2015年以来，他带领旱地作物科技服务团队成员共同示范推广甘薯新品种20多个，涉及叶菜型、优质鲜食型、加工型等多种用途品种，其中重点推广的叶菜用品种福菜薯18号已在全国20余个省市成功推广，实现了产业化开发，成为全国推广面积最大的叶菜用甘薯品种，占同类品种推广面积的80%，并在福建省的沙县、永安、连城、永泰等地成为科技扶贫的特色品种，他们推广的鲜食及加工型品种福薯604还成为福建省主推品种。

此外，他不遗余力地推广甘薯主要虫害性诱剂绿色防控技术、甘薯机械化高效栽培技术等新型实用技术，为提升甘薯优质高效栽培技术做了大量的具体的工作，解决了优质种苗繁育、新品种推广与利用等区域性产业关键问题、企业生产关键性问题9项。近年来，他的新品种、新技术推广面积累计超过50万亩，新增社会经济效益上千万元，对产业技术提升、实施科技扶贫等方面起到积极作用。

为了推动科技服务工作进入常态化，邱永祥积极推动品种示范推广工作辐射到全省，全面开展科技服务。这些年来，他在全省建立甘薯示范推广基地22个，示范基地遍布全省长乐、平潭、莆田、惠安、连城、福鼎等18个县（区），他还先后为连城联香园食品有限公司、福建省富达生态农业发展有限公司、长乐区富农达农民专业合作社等28家企业（合作社）提供技术服务，并提供形式多样的技术培训，累计培训人员2 000余人，平均每年在田间实地开展技术培训28次，培训人员上百人。

他每年科技服务出差超过80天，接待企业和农户来访70人（次）以上，还有200次以上的电话、微信、QQ等方式的技术咨询服务。科技服务之余，他抽时间完成了产业调研报告7篇，撰写产业发展研究报告3篇，成为全省甘薯科技服务的"第一人"。在服务过程中，他还实现了成果转化的突破，共完成4个甘薯品种权授权转让，其中福薯24的转化是福建省首个甘薯实质性转让，得到福建电视台、福州晚报等多家媒体的报道。

多年坚持不懈开展科技服务，邱永祥的科技服务工作硕果累累。在福建省甘薯重瘟区福鼎市，邱永祥在市农业局的配合下，经过6年的品种引进鉴定，先后试验了30多个新品种，推动福建省农业科学院自育新品种福薯604脱颖而出，其推广获得巨大成功，极大缓解了福鼎市甘薯淀粉产业因甘薯瘟病影响面临无品种可用的困境。2018年，福鼎市市长在扶贫工作调研期间大力赞扬市农业局的做法，当地媒体更是以"优质甘薯新品种福薯604成为甘薯业的救星"为题盛赞该品种。在龙岩连城县，他推广福薯604获得较大反响，成为该县主推的两个品种之一。在平潭综合实验区，他大力协助该区发展甘薯产业，推进当地甘薯产品绿色食品认证工作，并在甘薯绿色高效栽培技术的关键性问题等方面给予指导，帮助福建省富达生态农业发展有限公司、平潭县绿绿鑫蔬果农民专业合作社先后获得甘薯产品绿色认证，成为平潭首个获得农产品认证的两家企业，极大推进了企业的生产水平和产品竞争力。

"不忘初心、牢记使命，积极主动、为民服务"是邱

永祥开展科技服务的宗旨，也是他要求自己恪守的原则。他勤勤恳恳、默默付出，得到组织的认可，先后荣获福建省农业科学院优秀共产党员、省直属机关优秀共产党员称号、福建省农业科学院科技下乡"双百"行动先进个人、福建省农业科学院科技服务先进个人等荣誉称号。在他看来，他从事的是一份甜蜜的事业，这份事业不仅"甘甜"，还有"滋味"。

> **小知识**
>
> 福薯604是鲜食高胡萝卜素型品种。其萌芽性较好，株型半直立，中长蔓分枝多，顶叶绿色，成叶绿色，叶心形带齿，叶主脉绿带紫色，茎绿色，茎偏粗，薯形上膨，薯块外皮红色，薯肉橙红色，结薯集中、整齐，平均单株结薯数5.2个，大中薯率79.4%，耐贮性好。该品种适应性较好，薯形美观，产量较高，食味品质优，入口香甜、肉质细腻、黏、绵，富含胡萝卜素，市场前景好。

因花而痴，为花而行，我只是一名育花人

——科技特派员吴建设自述与花的"三农"情缘

人物名片

　　吴建设，男，1971年生，福建省农业科学院作物研究所研究员、"特色花卉创新团队"首席专家、"花卉科技服务团队"岗位专家，福建农林大学校外研究生指导教师、客座教授，福建省花卉协会山茶花分会会长等。主要从事花卉园艺育种、种苗繁育、花期调控、优质栽培技术研究与示范推广工作。

　　主持承担省部级花卉科研示范及扶贫项目20多项，育成通过省级审（认）定花卉新品种9个，荣获福建省科技进步三等奖7项、省部级行业奖17项，荣获第八届、第九届中国花卉博览会"先进个人"、福建省先进园艺工作者、福建省农业科学院科技扶贫、科技服务先进个人等多项荣誉。自20世纪90年代末，便长期担任福建省科技特派员及省级扶贫开发重点县选派科技人员，他的科技帮扶事迹在各大媒体及福建省农业科学院网站的报道达几十条。

　　我1995年7月从福建农业大学园艺专业毕业，一毕业就到了福建省农业科学院工作，毕业后没几年就成为第一批科技特派员，到现在算起来工作了24年，在这24年中，可以说花卉科研与科技服务是我的主战场，我很欣慰能把24年主要精力奉献给美丽的花卉事业，当看到一株株含苞

待放的花卉最终美丽绽放、香郁满园时，我感觉自己的人生也和花一样多姿多彩。

指导花卉栽培技术

投入花卉事业　情系困难企业

我刚参加工作时，就知自己要跟花打一辈子交道，立志培育美丽的花卉奉献给大家。在工作过程中，我始终牢记要把农业科研与示范推广、科技服务与科技扶贫当作自己一生的事业来追求，为福建的花卉产业发展作一点点贡献。后来，我开始主持承担各种科研和示范推广项目，因项目多、任务重，加班加点成为常态。同时，作为一名科技特派员，我需要把自己的时间分配利用好，尽力提高科研和科技服务效率，但是只要花农和企业家有需要，我会第一时间抽身解决他们的问题。

有一次，福州市晋安区一家企业种植的鸟巢蕨叶片出现问题，企业人员以为发生了严重病害，他们找到了我，我实地察看后，详细询问了他们的管理过程，发现是在打预防性药剂时，浓度与喷药时间有误，造成药害引起的，只要通过加强后期管理，就能够恢复生长，企业人员一听如释重负，脸上立刻洋溢出笑容，这让我挺触动的，觉得能够利用自身所学帮助有需要的人，自我价值得到了体现。

记得是在2015年3月3日，当时春节过后不久，我受邀到宁德市屏南县两家花卉企业，开展福建省农村实用技术远程培训兰花优质栽培技术现场录播。第一次到福建绿峰农业发展有限公司白玉兰花生产基地，给公司李总留下了联系方式。大概在2015年6月，我突然接到李总的电话，请求我帮他修改一项申报省级科研项目的材料，由于时间紧、基础差，申报材料准备不充分，当年的申报落选了。直到2016年5月，公司李总又一次打电话，说各级领导非常关心公司的发展，希望与我单位联合申报福建省区域科技重大项目，共同推进屏南县兰花产业的发展，为此，双方合力精心准备，我负责申报、答辩，这个项目最终获得立项，获上级资助经费80万元。

这家公司是一家从事兰花组培生产、产品开发的花卉企业。公司从2011年成立时就与中国台湾一家兰花公司签订合作协议，由台商负责技术、种苗等软件，公司负责基础设施建设，包括房屋、大棚等硬件，收益按比例分成。2012年11月台商将第一批兰花种苗引进公司基地，开始正式生产。不料在2015年8月受第十三号超强台风"苏迪罗"影响，公司基地受灾严重，淹没并冲毁半成品兰花62万盆，冲垮兰花温室大棚约2 000平方米，造成直接经济损失达1 000多万元。受此打击，台商就此退出，由于种

苗、技术都是受台商控制，公司无技术人员，造成组培科技楼1 800平方米种苗组培中心停产，损失惨重。

得知公司遇到困难后，我一边动员公司要派专人来院里组培室学习组培技术，通过两个多月的培训学习，该人员现已是公司组培中心的骨干，解决了公司技术人员缺乏的燃眉之急。一边帮助他们联系厂商，优化改造了兰花组培的设施设备，使组培中心功能布局更合理。之后，帮助公司引进兰花优良种质资源50多份，很快，组培中心就正常运作起来。此后，我指导企业开展兰花新品种选育工作，帮助企业从原有组合后代中初步选育出杂交兰新品系20多个，并在院、所领导及院科技服务处的大力支持下，2018年该公司上升为福建省农业科学院科技精准扶贫示范点进行帮扶。目前，公司生产的兰花产品不仅销往宁德、三明、福州、漳州，还远销到省外银川、广东等地，公司发展也越来越好。

增强实践经验提升服务成效

这些年来，我主要在全省推广观赏向日葵、鹤望兰、文心兰、小苍兰、球根鸢尾等花卉优良品种及提供玫瑰、非洲菊、国兰、杂交兰、文心兰、鹤望兰、小苍兰、切花菊、观赏向日葵等生产技术指导，长期服务花卉企业8家，到基地进行现场指导，并保持电话、微信、QQ等日常联系。同时，我在省农科教技术培训、省农村实用技术远程培训、省妇联"东方快车"妇女培训上授课，经常受邀到屏南、清流、连城、上杭、南靖等县开展花卉种植技术培训，据不完全统计，先后在全省各地举办花卉技术培训50多场、年均下乡60天以上。

在担任科技特派员的过程中，通过与帮扶企业和花农进行交流，也能发现他们在技术方面的难点、痛点，对此，我针对他们的需求主编或参编了《杂交兰实用栽培技术》《花卉栽培实用技术》等材料，以方便发放给企业技术人员和花农参考使用。有些花农与花企老板一听到我来了，就会赶紧过来，向我咨询花卉生产中遇到的各种技术问题，我都会向他们认真解答，传经送宝，也会留下联系方式。如在政和县一家牡丹企业，我手把手教他们如何开展牡丹杂交授粉的技术。

实践是检验真理的唯一标准，作为科技特派员，我要求自己一定要有掌握的品种及实践经验，才能起到帮扶实效。2011—2013年，我利用本团队选育的观赏向日葵新品种在福建省红色革命根据地上杭古田会址、江西瑞金沙洲坝景区红井基地示范推广获得了成功，"朵朵葵花向太阳"的壮观场面，为当地的红色旅游产业发展注入了强大动力。近几年这一模式通过与美丽乡村结合，在全省各地得到复制推广，我很欣慰看到乡村里的观赏向日葵基地越来越多了。

屏南县高山花卉产业是我对口扶贫的项目，为了尽力帮扶解决屏南区域兰花产业发展，我在与当地企业合作选育兰花新品种的同时，也积极促成他们参与各项展览等活动，提升知名度。在屏南县第一、第二届花卉盆景展上，我帮扶的其中一家兰花企业独占鳌头，获得金奖3项、银

奖4项、铜奖6项的佳绩，这极大提升了帮扶企业的科技创新能力和未来发展的信心。

2018年，我有幸成为闽宁协作科技助力宁夏固原"四个一"林草产业工程花卉专家组主要成员。虽然专家组在帮扶过程中，需要克服路途遥远、南北气候差异等困难，但能根据当地立地条件，切实帮扶当地发展"一枝花"产业，并受到固原市人民政府的肯定，获得闽宁协作"先进集体"称号，作为专家组中的一员，我感觉自己做的事是有意义的，这是最大的收获。

这些年来跟花卉打交道，花于我而言，已经不仅仅是简单的研究对象，更是我坚守在花卉领域的精神食粮。我为花而痴，也因花而行。我想，能成为一名育花人，虽然过程有些艰辛，但也是一件很幸福的事。

把深山里的高山蔬菜育成"香饽饽"
——记科技特派员薛珠政

|人物名片|

薛珠政,男,1971年生,福建省农业科学院作物研究所研究员,国家特色蔬菜产业技术体系福州试验站站长、福建省农业科学院蔬菜科技服务团队首席专家,长期从事蔬菜育种与栽培技术研究。担任科技特派员以来,他坚持以品种、技术示范推广为先导,服务福建省屏南、光泽等20个县(区),在推动地方产业提升、解决农村关键技术缺乏、实施科技扶贫等方面作出了积极贡献。

薛珠政来自农村,是一位地地道道农民的儿子,因为从小就跟着父母在田里劳动,年少时的经历让他对农村、农民有着深厚的感情。他长期深入农村一线,通过农业科技服务和科

薛珠政推广特色蔬菜品种创新与高效配套栽培技术

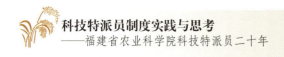

技特派员创业行动，有更多机会走进农村、了解农村，也因为看到农村不发达的一面，了解农民疾苦，让他更加坚定服务"三农"的信念，他希望结合自身所学，能让知识和成果在农村大地上生根发芽，茁壮成长。

薛珠政作为科技特派员工作的第一站是省级贫困县宁德市屏南县。屏南以发展高山蔬菜为主，每年蔬菜播种面积约15万亩，主要种植花椰菜，屏南花椰菜也是福建省高山蔬菜的知名品牌。但传统种植习惯使得当地花椰菜在生产过程中常出现早花、无心苗等问题，这给农户带来重大损失，一季的辛苦种植却出现颗粒无收的现象时有发生，然而，基于传统观念的影响，农户们又不愿改变传统生产方式，种植效益低下成为严重制约产业发展的瓶颈。

为了解决这一问题，改变农户的传统思维和生产方式，薛珠政经常在夜间深入农家，与农户面地面交流，不以专家自居，而是与农民朋友打成一片；同时，薛珠政从品种引进、育苗、防寒防冻、种植密度、生产管理的全程都与农户一起干、手把手做给农民看，终于让他们对技术从怀疑、惶恐到逐渐有了信任。自2016年薛珠政对口帮扶屏南以来，屏南县没有发生过一例无心苗和早花现象。他通过新品种引进和示范推广助推产业发展，累计引进蔬菜新品种100多个，建立了品种示范片区300多亩，引进筛选并推广应用的蔬菜新品种10多个，且向产业区域大面积辐射推广。

薛珠政一直坚持开展科技服务必须深入乡村。近年来，他带着蔬菜科技服务团队，几乎跑遍了全省大部分县区，全省贫困县更是重点服务区域。到目前为止，他已在全省建立蔬菜新品种新技术示范推广基地25个，示范基地遍布屏南、周宁、光泽、建宁、沙县、尤溪、永安、建瓯、龙岩新罗区、福清、仙游、漳浦等20个县（区），先后为屏南农夫蔬菜专业合作社、光泽武夷绿园蔬菜专业合作社、福清绿丰农业开发有限公司等40多家企业（合作社）提供技术服务。

在薛珠政看来，科技特派员不仅限于科技成果转化、科技服务，更为科技人员提供了科研试验示范的良好平台。2017年，他联合屏南县巾帼农业专业合作社成功申请了1个省科技厅项目，帮助合作社建立了水肥一体化系统，利用合作社的设施大棚开展特色蔬菜种植，示范集约化育苗，带动了合作社30多位社员从事特色蔬菜生产，该项目的实施还受到福建省扶贫开发协会的充分肯定。他还结合特色蔬菜产业体系试验站的工作，开展"特色蔬菜品种创新与高效配套栽培技术研究"等重大专项研究，把科研项目的实施，落实到农村大地。几乎所有他服务过的地方，现在都成了新品种和新技术试验示范基地，成了技术成果转化前的第一个中试点，为当地蔬菜产业的进一步发展注入了强劲动力。

这些年来，薛珠政每年下乡开展科技服务120多天，为基层农技人员及种植户开展技术培训10场以上、培训人员500多人次，通过微信、QQ、网络平台等方式提供技术咨询200多次。他的科技服务事迹先后得到福建电视台公共频道、福州电视台、东南网等各类媒体的报道，他本

人也先后多次获评福建省农业科学院双百行动优秀个人、科技服务先进个人等荣誉。以建设科技示范片为切入点，"讲给农民听、做给农民看、带着农民干"，薛珠政通过科技帮扶实践，将农业科技之光照在了田间地头、照进农户心里。

小知识

花菜学名"花椰菜"，又名"菜花"，属于植株绿体春化作物，即只有当幼苗长到一定叶片数、一定茎粗时，遇到低温，经过一定天数，才能通过春化，形成花球。因此，花菜的生长期常因生长期温度的异常变化而形成"无心苗、僵化苗、早花、散花、毛花、夹叶球、紫花球、畸形花球"等异常症状。

花开宁夏的福建食用菌产业

——记科技特派员林戎斌

| 人物名片 |

　　林戎斌，男，1971年生，福建省农业科学院土壤肥料研究所副研究员，福建省食用菌专家，长期从事食用菌研究。2007年起担任援助宁夏回族自治区的科技特派员，2012年选任为"三区"（边远贫困地区、边疆民族地区和革命老区）科技人才。经他十余年的努力，食用菌技术推广与产业开发已成为闽宁科技协作的新亮点，他对口帮扶的彭阳县也成为宁夏的食用菌生产基地，为地方优势特色产业发展作出了重大贡献，2013年被宁夏回族自治区评为"优秀科技特派员"。

　　"苦瘠甲天下"是宁夏回族自治区南部西海固(西吉、固原、海原三个县)山区的代名词，20世纪末，联合国粮农组织将这里列为"中国西部生态环境最恶劣地区之一"。彭阳县地

林戎斌在宁夏彭阳县食用菌生产基地指导生产

处宁夏南部山区，年均降水量不足300毫米，而蒸发量却在2 000毫米以上，干旱少雨，生态环境脆弱，农村一直未能摆脱贫困面貌。

如何利用当地资源优势，发展特色产业，带动农业发展、农民致富，是宁夏南部山区农村扶贫工作的一个难题。彭阳县拥有充足的日照、适宜的温度、丰富的原料，非常适合食用菌生产，尤其是夏季反季节生产食用菌。但在多年前，彭阳县食用菌仅限于反季节常规生产，种植蘑菇靠天吃饭，生产受制于气候，产量不稳定，极大地影响菇农积极性，使食用菌产业难以快速发展。

作为福建援助宁夏的科技特派员和"三区"科技人才，林戎斌已坚持多年克服黄土高原海拔高、空气干燥、冬季严寒等恶劣条件，还将刚满月的小孩交给年老多病的父母照顾，奔赴宁夏彭阳，常常一待就是几个月，深入各个主产区、吃住在乡村，开展培训和指导，解决生产中遇到的高温期死菇、绿霉较多等各种情况和问题。

菌种是食用菌生产的关键。冬季为了防止运输过程菌种破碎和冻伤，林戎斌亲自为菌种逐瓶包上泡沫纸，裹上毛毡，装入纸箱，外面再钉上木条，将经过四重保护的菌种在春节期间安全运抵彭阳。他通过协助彭阳科技服务中心规划"宁夏六盘山食用菌研究中心"建设，筹措资金援助了日灭菌10 000袋（瓶）的设备等，使菌种污染率降低到1%以下，彭阳县达到年产200万瓶食用菌菌种的能力，优质食用菌菌种不但提供彭阳本地，还提供给周边县市。

此外，他还以闽宁科技对口帮扶项目为依托，与彭阳县科技局同志一起争取省区市县经费1 000多万元，建成了"闽宁现代农业科技示范园"和"大学生科技特派员农村创业基地"。他按照"用工业理念发展食用菌产业"和"用工业设备装备食用菌产业"的思路，引进福建省的先进技术和优良品种，建成自动化无菌接种生产线、液体菌种生产线、物联网智能菇房，实现工厂化周年生产食用菌，大大改善了彭阳县食用菌生产条件，提高了食用菌生产的成功率和效率。

如今，"闽宁现代农业科技示范园"产值达3 800万元，双孢蘑菇每平方米单产提高了1.5千克，杏鲍菇每袋产量提高了0.1千克，鸡腿菇、杏鲍菇等通过了有机认证，"六盘山珍"品牌获得了市场认可，有口皆碑。在他努力下，彭阳县食用菌产业承载了闽宁协作的深情厚谊，传承了闽宁协作精神，起到典型引路、辐射带动的作用，成为闽宁协作惠民工程的亮点。

"授之以鱼不如授之以渔"，林戎斌深谙这一道理，为了促进宁夏食用菌产业稳步提升、持续发展，他先后邀请福建省食用菌专家33批56人次在宁夏举办18场食用菌培训；他还在福建举办7次培训，组织21批次近百名宁夏科技特派员和技术骨干到福建等地培训、实习。授课过程中，他全程陪同学员，照顾学员生活，解决学员特别是回族学员的饮食问题。这些年来，他累计培训农业技术员、科技特派员、农村优秀实用人才等1 500多人次，这批技术骨干现在都已成为宁夏食用菌产业的中坚力量，在产业可持续发展道路上发挥着重要作用。

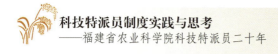

　　12年支援宁夏彭阳，带动宁夏食用菌产业实现质的飞跃。林戎斌的科特派帮扶事迹得到了《科技日报》《人民日报报》《宁夏日报报》、福建电视台等多家重点媒体的报道。他十余年坚守一件事：把福建的食用菌产业带到边远地区，实现了地区产业脱贫致富，多年援边总算苦尽甘来，开花结果。

小知识

　　福建是食用菌生产强省，改革开放以来，随着科学技术的发展和普及，尤其是通过一大批星火科技项目的实施，福建食用菌无论是产量还是产值都位居全国前列。20世纪末，福建省和宁夏回族自治区开展了东西对口帮贫工作，即"闽宁协作"项目，组织科技人员赴宁夏包户包片传授技术，使一大批贫困户因此走上了脱贫之路，林戎斌通过将食用菌技术带到宁夏，推动了宁夏食用菌产业的腾飞，成为"闽宁协作"项目的一个亮点工程。

科技：让生态田园缤纷多彩

——记科技特派员陈钟佃

| 人物名片 |

　　陈钟佃，男，1974年生，福建省农业科学院农业生态研究所副研究员，主要从事生态农业研究与推广。2016年起担任科技特派员，驻点服务福建三华农业有限公司，辅导公司规划生产，改变经营模式，不断引进新品种、新技术、新模式，构建了现代高效生态农业，打造出万亩"海丝综合田园生态园度假村"的田园综合体系，实现了企业效益大幅增长，年节约生产成本100多万元。

　　福建三华农业有限公司位于福清市海口镇岑兜村，自2016年陈钟佃开展对口服务后，该公司走上了现代农业新发展模式。不仅实现了全程机械化，还打造出一个万亩"海丝综合田园生态园度假村"的田园综合体系，并被列入福建省乡村振

陈钟佃推广水稻生态种植技术

兴重点项目，2018年该公司还入选福建省农业科学院科技示范基地。三年多来，陈钟佃在新品种引进、艺术稻田制作、物联网技术、数字农业多个领域给予公司技术支持，指导帮助该公司发现农业上存在的问题，解决了大量技术瓶颈。

经他努力，2016年三华公司建成福清市首家全程机械化育插秧中心，实现水稻的全程机械化生产，包括生产过程智能化浸种催芽、自动化播种、温室育秧、机械化插秧、无人机飞防、机械化收割等各个环节。三华农场采用统一供种、统一育秧、统一机插、统一管理、统一收割"五统一"种植新模式，使用有机肥生态种植优质稻米，与传统种植的老品种相比，每亩产值可增加500～600元。育供秧中心每年不仅为三华公司自有水稻面积1500亩育秧，还为周边种植大户育秧，种植面积可达2000～3000亩。育相同面积的秧苗，传统育秧一次要投入劳动力40人，机械化育秧中心流水线只要用8～10个工人，可以节省人工成本80%以上。目前，公司农作物综合机械化水平达85%，其中水稻机械化水平达100%以上。

随着机械化程度的提高，三华公司的粮食生产在品种上遇到了新问题，由于传统种植以国库粮为主，近年来国库粮价格较低，因此，必需引进新品种以提高效益。陈钟佃通过与福清市农技站联系，协助公司引进了甬优2640、甬优4949、湘早143、顺荣优华占等水稻品种，并每年为公司引进2～3个水稻品种进行试种，实现了粮食作物的市场化、品牌化，种粮经济效益倍增，使其在新品种种植上始终走在行业前列。在水稻栽培方面，他又引导公司进行稻萍渔项目建设，同时在水稻种植过程中开展艺术稻田制作，实现粮食作物生产的科普教育和观光功能，为传统农业生产注入了休闲农业元素，也为城郊结合部农场的产业转型垫定了基础，每年接待游客量达4万人次。

为了助推产业良性发展，陈钟佃促成三华公司与福建省农业科学院、福建师范大学福清分校、浙江蓝城农业、福建农林大学等多家单位进行科研基地共建，推动"农业有机废弃物资源化产品安全利用示范基地"等项目在公司落地。他本人也担任"基层农技推广体系农业科技试验示范基地""福建省科特派示范基地"等多项基地技术指导专家。他还助推三华公司基地立项实施"有机固体废物高效快速生物堆肥及农林业安全利用技术研究与产业化示范""台湾珍珠番石榴优质丰产栽培关键技术研究与示范"等多个重大专项，获得项目经费100多万元。参加"高标准农田建设""闽台农业合作新品种引进"等各级农业财政项目10多项。

这些年来，陈钟佃帮助三华公司建成多功能生态玻璃大棚1 000多平方米、集约化育苗中心2 560平方米，实现种苗繁育设施化；引进果树新品种3个、累计种植果树8万多株，在番石榴果园进行豆科牧草、黄花萱草、观赏南瓜等套种，建成番石榴可追溯体系，实现了果园改造更新种植。他还为公司引进本科生人才6名，申请发明专利3项，实用新型专利2项，三年多来企业累计接待同行参观、农林院校实习等访问3 000人次，为福建农林大学、

福建农业职业院校、福州高新区等联合培训新型职业农民1 800多人。

　　陈钟佃觉得，这三年多的科技特派员服务经历有付出也有收获。他很欣慰看到公司的效益得到提高，人才队伍得到壮大，现代化农业发展水平得到显著提升，而他自己的专业知识也在生产过程中得到实践检验。每回走在田间，看着这几年三华公司从传统农场蜕变成生态田园，他的内心总是说不出的激动。

实用技术推介

　　稻萍鱼立体种养是一种把稻田种稻与养萍、养鱼有机地结合在一起，改单纯的平面种稻为稻田垄面种稻、水面养萍、水中养鱼，稻萍鱼三位一体的立体农业结构。这种结构模式，是按照生态规律"共生理论"为基础，巧妙地把种植业和养殖业有机地结合在一起，它充分利用稻田的温、光、水、气资源，促进粮鱼增产增收。

院县合作，让农业插上腾飞的翅膀

——记科技特派员陈永聪

| 人物名片 |

　　陈永聪，男，1968年生，福建省农业科学院生物技术研究所特种水产养殖专家、水产病害防控科技服务团队岗位专家、农艺师。挂职担任宁德市周宁县农业局副局长，同时担任科技特派员，提供实用技术培训、引进农业新技术新品种、推进农业科技成果转化等科技服务，有力促进了农业传统产业升级换代，为周宁县农业经济又好又快发展作出了积极贡献。其深入农村实际的调研报告，为全省"三农"工作发展起到示范引领作用。

陈永聪指导企业标准化健康养殖

1990年开始参加工作，陈永聪就把帮助农民致富作为毕生追求，始终践行"做给农民看、带着农民干、帮助农民销、实现农民富"的理想，这是陈永聪身为一个农业科技工作者、20余年服务"三农"发展的初心。他多年如一日，心系"三农"，不断探索强农富民的新技术和新方法，按照科技特派员的要求和工作职责，服务省级扶贫开发重点县——宁德市周宁县，以农业为媒，助力县域经济发展壮大。

他是农户的技术领路人

周宁县是省级扶贫开发重点县，脱贫攻坚任务异常繁重。2016年，陈永聪到周宁县农业局挂职副局长，上岗后，他深感周宁农业基础薄弱，现代农业发展尚处于零散、低层次状态，产业链不健全、农民增收渠道不宽；人口老龄化现象严重，接受新技术新事物难度大，这对技术推广使用产生制约。为此，他第一步的工作就是提升现有农业从业者的技术水平，促进农业转型升级。

一方面，他通过科技培训和举办新型职业农民培训班，传播先进科学理念和科技知识。多年来，他利用"送科技下乡""放心农资下乡活动科普宣传月""科技活动周"等科技活动，深入到9个乡镇进行科技宣传，发放宣传资料近3万份，赠送种养殖书籍100余册。通过举办新型职业农民培训班，他带领福建省农业科学院专家团队到基层举办生猪规模化、标准化养殖技术、高山特色水产健康养殖技术、蔬菜设施栽培技术及病虫害防控技术、果树栽培及病虫害防控技术、水稻冬种紫云英化肥减量增效技术等培训班10多期，培训人员500多人次，有力地提高了当地农民群众的科技水平。

另一方面，他采取定点技术服务，促进优势特色产业升级发展。作为福建省农业科学院水产病害防控科技服务团队的岗位专家，陈永聪帮助水产养殖大户实施标准化健康养殖技术和病害综合防控技术，及时解决了养殖过程中出现的各种问题。特别是在小龙虾品种改良和繁育、病虫害防治等方面取得了突破性进展，形成了一整套较为成熟的小龙虾仿生态健康养殖标准化操作流程病害综合防控技术，帮助养殖户提高经济效益30％以上，使小龙虾在高海拔地区育苗和养成首次成功，成为周宁县周期短、见效快、品质好、效益高的特色扶贫项目。该项目也为全县粮食、水产、畜牧、水果、蔬菜、中药材等新品种、新技术的推广起到了示范和带动作用。

他是产业发展的规划师

身为一名科技特派员和周宁县农业局挂职副局长，陈永聪明白，多争取项目，是整体提升周宁农业产业化发展水平的关键。为此，他积极争取上级部门支持，加大科技经费及其他项目资金对周宁农业项目的投入，通过科技示范基地的发展，提升科技示范和辐射带动能力。他希望在对周宁县科技园区和示范基地提供技术指导的同时，能带动一户、成功一户，最终让周宁县农业走上良性发展、农户共同致富的轨道。

在他的努力下，2018年6月，省农科院与周宁县签订了战略合作协议，开展院县合作，共同实施生态茶园、高山高优蔬菜、晚熟葡萄等9个重点项目，省农科院给予每个项目5万元支持，县财政也配套了专项资金30万元，推动现代农业产业发展。这些年来，他积极引领周宁县优化农业产业结构，培育发展了一大批优势特色产业，技术支持农业示范区达3 000亩；协助建成马铃薯南方繁育基地，大力推广本地马铃薯脱毒苗生产；他通过院县合作技术指导农业科技示范园区1个，帮助建立现代农业科技示范基地20个，其中，院县合作引进建设的鲟鱼第三代繁育基地，未来两年产值将超亿元。

根据周宁县独特的山区地理气候条件，陈永聪又因地制宜通过引进新品种、新技术，促进农业增效。他先后引进桔柚和红心柚、红心猕猴桃等，黄皮椒、玉米、花菜等，黑斑蛙、黑天鹅、大雁等。他还帮助企业建立无公害蔬菜基地，发展订单农业，销往广东、浙江等地区；在特色水产养殖方面，引进新品种澳洲龙虾及生产技术，探索出稻蛙的生态循环养殖模式，提高了综合养殖效益，带动周宁县种植、养殖业深度发展。

他是企业升级的改造者

科技扶贫项目实施期间，在为周宁县农业产业化发展布局之余，陈永聪专门抽出时间，对口帮扶周宁县原野水产养殖专业合作社实施标准化健康养殖技术和病害综合防控技术，扶持周宁县仙峰种养专业合作社进行棘胸蛙优良品种选育，并帮助该合作社销售蝌蚪、幼蛙、种蛙，为合作社的转型升级发展提供了关键技术支持。

与此同时，他还在周宁及周边地区开展棘胸蛙、牛蛙及特种养殖鱼类的病害防治帮扶工作。先后为福建省渔业科技试验示范基地——周宁县原野水产养殖专业合作社、周宁县锦鳞生态农场、福建省休闲渔业示范基地——屏南新隆养殖有限公司提供科技服务，就克氏螯虾（小龙虾）、日本锦鲤、泥鳅、中华倒刺鲃、黄金鲫、棘胸蛙等养殖品种在春季病害高发期的预防、治疗工作进行详细指导。

在陈永聪看来，帮扶企业不仅要扶持技术，也要传播先进发展理念。他不仅帮企业解决生产问题，也协助企业创立自己的品牌、进行更多特色农产品原产地标志认证及地标产品的升级换代工作，同时帮助企业打通商超对接等销售渠道。多年来，他每个月都要到各个公司基地 2～3 次，累计每年下乡 170 余天，下乡提供技术指导、技术咨询 50 次以上，带动宁德周边市县 21 户农民从事小龙虾、棘胸蛙养殖和蚯蚓养殖，使农民增收 200 万元以上。

这些年来，作为科技特派员的陈永聪累计服务了 9 个乡镇、50 个村居、17 家企业和合作社，推广新品种、新技术 10 项，建立农业科技示范点基地 17 个、示范面积 2 000 亩，推动产出畜禽水产 20 万头、食用菌 2 000 多吨，带动农民 600 多户、增收 3 000 万元，同时增加企业经济效益 300 万元、社会经济效益 5 000 万元。能够实实

在在通过自身所学，结合农业产业化发展思路，为地方经济发展作出贡献，特别是为周宁县精准扶贫、乡村振兴献计献策，助力周宁最终实现省级扶贫开发重点县摘帽，对于陈永聪来说，既是一份挑战，也是一份意义重大的事业。

既是"智多星"也是"财神爷"

——记科技特派员吴飞龙

|人物名片|

　　吴飞龙，男，1982年生，福建省农业科学院农业工程技术研究所助理研究员、硕士，主要从事生态农业研究与推广。2007年起担任科技特派员，服务福建省星源农牧科技股份有限公司，围绕"生态循环农业"推动农业全产业链建设，拓展科技示范功能和效益，加快农业发展方式转变，使"星源农牧"从一个小型养猪场蜕变成省级重点龙头企业，并成功在天津股权交易所挂牌。

吴飞龙协助企业规划建设生态循环农业产业链

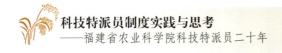

　　科技特派员不仅是派驻到农村的"智多星"，也是"财神爷"。吴飞龙长达十余年的驻点服务深刻践行着这一理念。吴飞龙刚到"星源农牧"时，"星源农牧"还是一个小型养猪场，设施条件和住宿环境都比较落后，但他并没有因为条件困难就选择退却。为了加快推动企业发展，吴飞龙带上省农科院的办公桌椅和实验仪器，在基地开始建设实验室和试验田，为基地接下来构建生态循环农业模式奠定了基础。

　　经过十多年的努力，吴飞龙围绕构建生态循环农业的技术方案，结合基地需要，推行了一系列关键技术，包括：研制并定型生产新型固液分离技术设备，提出一套利用猪粪和菌渣联合堆肥化处理生产有机肥的技术，利用固液分离的猪粪渣完全替代牛粪栽培双孢蘑菇和姬松茸技术，创建集约化养猪场粪便污水综合治理型的"猪-沼-菌-菜-肥"产业生态循环利用技术体系。这些技术支撑不仅解决了"星源农牧"生态循环农业的技术问题，也延伸了产业链，使企业规模迅速扩大。

　　在吴飞龙的指导和帮助下，"星源农牧"生态循环农业模式搭建成功。2010年12月，农业部部长韩长赋莅临"星源农牧"视察时，对企业发展生态循环农业模式给予了充分的肯定，他说："发展规模养殖，污染是最大的制约，你们注重环保投入，通过发展循环农业，把废物变为可利用资源，不仅保护了环境，还提升了企业的效益，很不简单。"

　　同时，"星源农牧"借助科技的力量也从原产值不足

2 000多万元的小型企业发展成为一家年产值1.4亿元的多元化发展的省级重点龙头企业。目前,"星源农牧"在福建省内实现生猪存栏50 000多头,年出栏数100 000多头;现有蔬菜基地面积6 500多亩,其中蔬菜大棚种植基地1 500多亩,年生产有机肥50 000多吨。如今,企业已发展成为福建省农业产业化省级重点龙头企业、农业农村部生猪标准化示范场、国家现代农业示范区畜禽养殖示范基地、福州市现代农业创新技术示范基地,并把步伐迈出福建走向全国,在全国建立生态循环产业基地。

除了科技服务企业发展,吴飞龙也在企业现代经营管理上建言献策,帮助企业实现质的飞跃。2011年,吴飞龙积极帮助企业对接资本市场,使其成功在天津股权交易所挂牌,并帮助企业于2016年在全国中小企业股份转让系统挂牌;引入永辉超市、广发纳斯特股权投资管理基金等战略投资人,先后从资本市场融资1.5亿多元,为企业发展注入资本力量,让企业朝着规模化、跨越式发展的道路不断前进。

这些年来,吴飞龙先后帮助"星源农牧"申报省市级科技项目10多项,帮助企业争取财政补助资金3 000多万元,实施科技成果转化3项、获得福建省科技进步二等奖1项,共建福州市专家工作站和福建省农业科学院科技示范基地等项目;同时根据企业需要开展技术培训,帮助企业培养创新和技术人才300多人。

吴飞龙说:"学农就要爱农,就要献身农业,科技特派员有更多机会接触企业,这样的方式能够真正促进科技

成果的转化，带动企业科技创新产生实质性应用和效果，十多年来，我在科技服务的过程中，挥洒了青春和汗水，但更收获了丰富的实践和科研经验，这样的经历对我而言，绝对是意义非凡的。"

实用技术推介

利用猪粪和菌渣联合堆肥化处理生产有机肥技术：猪粪中含氮素较多，容易被微生物分解，农作物容易吸收。菌渣为栽培食用菌后的废弃培养料，菌渣中除含有高粗纤维、粗蛋白、粗脂肪及总糖等成分外，有机质、氮、磷及钾等养分含量也极其丰富。利用猪粪和菌渣"双废"丰富的养分特点，变废为宝，发酵生产有机肥，既能直接创造巨大的经济效益，更能降低环境污染的风险。

匠心服务 助力福建省澳洲龙纹斑产业崛起

——记科技特派员罗土炎

| 人物名片 |

　　罗土炎，男，1972年生，福建省农业科学院农业质量标准与检测技术研究所水产养殖科技服务团队首席专家、副研究员，长期从事水产养殖及疾病防控技术研究，在鱼苗繁育、病害防控等方面具有丰富的生产实践经验。2008年作为科技特派员为三明市清流县开展澳洲龙纹斑养殖技术服务，连续6年（2013—2018）获得福建省农业科学院科技服务先进个人或先进项目。十几年来通过持续研究攻关和技术推广，澳洲龙纹斑新兴产业在福建省已经实现从无到有、从小到大发展，保持了福建省在澳洲龙纹斑生产和科研中的优势地位。

罗土炎指导农户澳洲龙纹斑生产

福建淡水资源丰富，可养殖水产面积达135万亩。澳洲龙纹斑是澳洲"国宝鱼"，具有很高的营养和经济价值，福建的气候环境条件尤为适合养殖澳洲龙纹斑，引进并发展澳洲龙纹斑养殖业，不仅可提升养殖效益，还可以为百姓餐桌新增一道美味佳肴，丰富城乡居民的"菜篮子"。但澳洲龙纹斑受到养殖技术、养殖条件的制约，养殖澳洲龙纹斑在我国乃至世界的水产养殖领域均属起步阶段。

为了推广澳洲龙纹斑产业，罗土炎以福建大润优农业科技有限公司为重点，在帮扶企业的过程中，开展了卓有成效的科研攻关和技术推广，解决了澳洲龙纹斑养殖过程中的多项技术难题。

以往，养殖鱼塘疾病多发、水域环境污染等问题普遍存在，许多养殖户为了解决这些问题滥用化学农药和抗生素。对此，罗土炎专门研发了高效健康养殖技术模式，应用水产养殖主要疾病防控和水产品质量安全控制技术，整体提升澳洲龙纹斑产品安全质量，解决药物残留导致的水产品质量安全问题，提升澳洲龙纹斑产品质量，从而实现澳洲龙纹斑在清流县乃至在福建省真正意义上的优势地位。

澳洲龙纹斑是澳洲四大经济鱼类之首，有记载最大体重高达114千克、体长1.8米，经济优势非常明显，但其种苗成本较高，进口每尾达10元。为了降低对澳洲种苗的依赖，罗土炎潜心研发了水产繁育技术，解决亲鱼怀卵量少、受精卵成熟度低、雌雄亲鱼性成熟时间不同步等难题，培育出优质本土苗种，成本可降至每尾5元。他通过推广科技成果"福建省澳洲龙纹斑繁育技术研究"，运用

"一种黏性卵鱼类的产卵器"和"澳洲龙纹斑受精卵孵化器"专利技术，培育出澳洲龙纹斑水花苗35万尾，培育亲鱼3 500多尾，增收节支1 750余万元。为福建省淡水养殖转型升级及澳洲龙纹斑产业化发展提供了重要支持。

帮扶期间，罗土炎还为清流县现代渔业产业园设计了封闭式循环水养殖模式，被当地政府界定为科学、环保、生产力高的养殖模式，要求当地水产养殖企业采用该类模式新建或改造养殖场。除了改建新模式，罗土炎针对企业技术人员知识水平欠缺的问题，建立了一套科技帮扶机制，通过集中授课、现场交流、电话交流和"走出去，请进来"等多种形式相结合的培训模式，把企业技术骨干纳入自身服务团队成员，担任实习厂长，提升他们解决实际问题的能力。

十几年来，罗土炎的年帮扶天数达到60余天，为企业培训人员500余人次。清流县人民政府对他的工作成效给予充分肯定，与他签订了《清流县渔业技术服务合作协议》，从渔业规划发展、推广渔业高效健康养殖模式、种苗繁育技术、水产品精深加工、水产质量安全等方面全方位与以罗土炎为首席专家的水产养殖科技服务团队开展渔业产业技术深度合作。

在罗土炎的带领下，该团队在清流县示范建立了封闭式循环水养殖系统8套，建立了鱼类种苗繁育生产性工程化实验室、水产养殖研究基地；先后获得授权发明专利8项和实用新型11项，以及福建省科技进步二等奖、福州市科技进步二等奖等多项科技成果。同时，他服务的福建大

润优农业科技有限公司实际上已成为澳洲龙纹斑养殖行业技术交流的平台，全国各地的澳洲龙纹斑企业都慕名来到清流县进行观摩、交流，对我国澳洲龙纹斑养殖水平的提高起到了良好的促进作用。

> **小知识**
>
> 　　澳洲龙纹斑是澳大利亚的原生鱼种，是世界上最大的淡水白肉鱼，可长至100多千克、70多岁，肉质鲜美，风味独特，可以做成清蒸、刺身等美味佳肴，精深加工前景广阔。世界卫生组织衡量蛋白质是否优质是用必需氨基酸指数来评判，澳洲龙纹斑的必需氨基酸指数为95.43，接近100，人体可以高效吸收利用；营养神经和软化血管的不饱和脂肪酸DHA、EPA相对含量高达14.6%，具有很高的营养价值和经济价值，被誉为澳洲"国宝鱼"，深受消费者喜爱。

架科技服务桥梁　到食用菌中淘金

——记科技特派员应正河

人物名片

应正河，男，1979年生，福建省农业科学院食用菌研究所副研究员、硕士，挂职政和县农业局副局长，主要从事食用菌栽培与育种研究。2017年起担任福建省科技特派员帮扶政和县，主持了福建省种业工程、农业农村部公益项目子专题、福建省公益项目等7个项目，作为项目技术指导参加了科技部富民强县专项，大力推广绿色食用菌栽培，为政和县食用菌的发展作出了积极贡献。

2017年，应正河首次作为科技特派员来到了政和县，并在政和县农业局挂任副局长，此后，政和县的食用菌产业悄然发生着变化。政和县位于闽北山区，山林资源丰富，为食用菌发展提供了先决条件，

应正河指导姬松茸种植技术

但原先以香菇为主的木生食用菌生产每年都要消耗大量的森林资源，导致菌林矛盾突出。为此，应正河向政和县政府建议优化食用菌产业结构，大力发展非木生菌，利用农林废弃物栽培食用菌，促进政和农业绿色发展。

在政和各乡镇，每年竹子加工、茶树和锥栗树修剪及加工都有大量的废弃资源产生，还有大量的稻秆、玉米秆和野生芦苇，这些廉价的农林废弃资源为竹荪、姬松茸、大球盖菇、毛木耳和茶树菇等食用菌栽培提供了丰富的原材料。此外，竹荪、姬松茸和大球盖菇废弃菌渣作有机肥还可直接还田利用，改良土壤，提升土壤肥力。

在应正河推动下，政和县铁山镇2017年底开始引进了姬松茸新项目，在当地有效带动村民增收致富。政和县属于二元地理高山区气候，海拔上千米，夏秋气温一般不超过30摄氏度，适合种植姬松茸，还能延长采摘期，主要分解利用农作物秸秆作为碳源。

刘俭宝是大岭村的姬松茸种植户，有4个棚的姬松茸，在应正河指导下，他充分利用稻草、芦苇秆、玉米秆等秸秆资源，不仅降低了生产成本，还缓解了菌林矛盾，目前姬松茸长势喜人、已进入丰产期。2018年，通过小小姬松茸，铁山镇已带动大岭村和元山村10多户农户建设姬松茸食用菌基地，占地面积约22亩，共有21个生产大棚、1个烘培产房，年总产值达105万元，年总效益42万元左右。

2018年10月16日，政和县姬松茸高效栽培技术示范推广现场观摩会在铁山镇大岭村田间的姬松茸基地举行，应正河现场向30多位菇农"推销"姬松茸栽培技术，从姬松茸栽培技术和国内外市场行情、未来发展前景、扶持与收购政策等各方面为农户作出详细解答。观摩会后，政和县富溪生态农业有限公司陈辉也在政和县高山区镇前镇齐家洋、王大厝开始栽培姬松茸。

应正河为富溪公司先后进行了姬松茸基地选址、搭棚、种子选用、菌种走丝、温度湿度把控等跟踪指导，细心教授许多管理技术。目前，富溪公司基地已成为福建最大的姬松茸生产基地。在毛竹搭成的菌床上，姬松茸大量破土而出。经测算，每平方米姬松茸第一潮鲜菇产量达到1.8千克，每个大棚纯利润2.5万元。发展姬松茸产业不仅带动了政和一方经济发展，也带动了当地村民用工，特别是贫困户的用工，增加他们的收入，巩固脱贫成果。

除了推广种植姬松茸，应正河还帮助政和县农家人莲子合作社，利用莲子和竹荪轮作模式，利用当地的竹屑和莲蓬、莲壳种植10亩竹荪，亩产竹荪干菇达100千克，每亩收益达到1万元以上。时任福建省省长唐登杰还曾带领有关部门负责人到政和县农家人莲子合作社调研，看望了作为该公司科技特派员的应正河，详细了解产业发展情况。

经过应正河的科技帮扶，政和县越来越多企业和农户开始发展食用菌产业。石屯镇石屯村山菇合作社理事长李梅长期在外地创业，两年前回到政和县石屯镇长城村栽培了6万筒茶树菇、10亩竹荪、100亩椴木香菇，成了村里第一个敢吃食用菌"螃蟹"的女青年。在应正河帮助下，山菇合作社的竹荪亩产干品增加了25千克，并充分利用"闲置"林地发展林下经济，尝试在竹林里种植竹荪，取

得了大丰收，价格比大田栽培的还要高。

如今，政和县石屯、东平、外屯等乡镇共种有100多亩竹荪，每天可以采摘1 500千克左右新鲜竹荪，制成200千克干品，每千克干品价格超过200元。应正河通过推广指导食用菌栽培技术，造福了政和地方经济发展，使贫困山区脱贫致富有了门路。走在山区棚间，看到姬松茸、竹荪、茶树菇等各菇种竞相生长，种植户的脸上喜笑颜开，应正河的步履更加坚定了。

小知识

··

　　科技部富民强县专项行动计划是科技部联合财政部于2005年共同启动的，旨在依靠科技进步促进农民增收致富、推动县域经济社会发展、培育壮大一批有较强区域带动性的特色支柱产业、实现"县强""民富"，加快县（市、区）科技进步、为区域经济发展提供强有力的科技支撑。

应用现代信息技术　助力农业产业升级

——记科技特派员赵健

人物名片

赵健，男，1973年生，福建省农业科学院数字农业研究所副所长、副研究员。2017年，福建省农业科学院与光泽县政府签署院县合作协议，作为科技特派员和数字农业团队科技特派员发起人，赵健成为院县科技合作协调人。他积极组织协调推进科技服务光泽县，围绕推进中国生态食品城（光泽）的目标，通过新技术引领，加强项目成果对接，科技服务进村入企，实现助农增收脱贫。

1996年，赵健从福建农林大学毕业，带着青春激情，到福建省农业科学院植保所参加草坪组承担的高速公路绿化项目管理。2003年，他承担了数字福建项目——福建省植保技术信息化服务平台建设的具体实施工作，

赵健在光泽县指导生态食品运营管理中心建设

127

由此奠定了他此后在数字农业领域的探索和成就。2011年调任数字所后，赵健乘着省农科院院县合作的东风，积极推进数字农业在光泽落地生根。

2016年年底，他与服务团队成员围绕光泽县发展生态食品产业、建设中国生态食品名城的目标，先后开展了近两个月的科技服务调研，与地方政府、企业、农业新型生产经营主体、中小农户等进行交流，思考如何建立生态食品产业的科技支撑机制，借助科研院所的科技智库和技术成果优势，发展绿色产业。在此基础上，赵健结合专业技术优势，提出"通过加强物联网、云计算、大数据等新一代信息技术在光泽生态食品产业链的深度融合与集成应用，推动传统产业转型升级，发展互联网＋光泽生态食品产业的特色数字经济模式"为主要内容的科技服务3年计划。这一方案得到光泽县委、县政府的高度认可，经过与光泽科技局等部门协商，还得到县里新设专项资金450万元的支持。

为了推动3年计划顺利实施，赵健以光泽县域六类主要生态食品产业（即水稻、蔬菜、茶叶、食用菌、特种养殖、中药材）为对象，通过信息技术在生产、经营、管理与服务四个环节深度融合，完成了全程信息化的技术方案顶层设计，并依托"科技特派员＋互联网＋生态食品"的农业技术推广模式，全程提供技术服务与技术支持，推进"光泽生态食品产业信息服务平台"的建设。

目前，光泽县域数字农业集成示范项目已完成项目建设，正进入实际应用阶段。在生态食品运营管理中心，通过大屏幕，可实时查看福建丰圣农业有限公司、光泽县中坊吉农蔬菜种植合作社、光泽县联农农业专业合作社等17家示范企业的生产环境、VR实景和农业物联网数据监控画面。在大屏幕和监控操作平台上，企业的生产过程信息、产品物流的车联网信息、重要农产品的价格动态信息一览无余。通过农业物联网，不同区域田块和农业设施内的空气温度、土壤温度、土壤含水率、光照强度等生产环境数据实时可见，某项数值异常情况，平台立即发布预警。

除了光泽县域的运营中心，纳入云平台的农业经营主体也建设了各自的智能控制室，配备中控中心设备和显示大屏，农业生产管理人员通过操作管理系统，或在手机上动动手指，就能实时获取生产过程的影像与环境数据，实现对生产设备进行远程操控，启动水帘、风机、制冷、加湿等生产设备的运行，或通过对环境数据的判断，系统自动控制生产设备的启动与停止。

此外，在光泽县崇仁乡洋塘村，他们还建立了互联网+社区支持农业（CSA）示范基地，实现了现代信息技术与生态食品产业链的深度融合，发展出生态大米"先卖后种"网络认养的订单农业新模式，助推光泽县小农户成功链接大市场，有效破解产销对接难题，满足消费者购买优质健康的生态农产品的需求。

这些年来，赵健带领科技人员，围绕院县合作的部署，立足光泽县生态食品城建设，以建立"互联网+生态食品"模式为驱动，应用在线化、物联化、智能化等互联网技术手段，不断打破生态食品城建设的信息化瓶颈。同

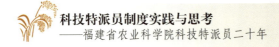
时，创新性地将科技特派员、科技示范基地、科技培训、所企支部共建等科技服务"三农"的多种形式融合应用于科技精准扶贫工作，全方位开展技术对接，对光泽县农业的生产、经营、管理、服务等农业产业链环节产生了深远影响。以科技支撑产业发展、产业带动精准扶贫为思路，建立符合贫困地区实际的新型科技服务体系，赵健的科技特派员工作实践是"扶贫＋扶智"生动写照。

> **小知识**
>
> 　　2018年，中共中央、国务院印发的《乡村振兴战略规划(2018—2022)》指出，大力发展数字农业，实施智慧农业工程和"互联网＋"现代农业行动，建设具有广泛性的农村电子商务发展基础设施，加快建立健全适应农产品电商发展的标准体系等，将信息技术与农业产业融合应用，作为实现农业现代化推进农业产业振兴的重要抓手。科技特派员应用现代信息技术，用新理念、新路径、新方法转变农业发展方式，以"互联网＋"等现代数字技术助农业增效、农民增收、农村发展，必将成为实施乡村振兴、开展精准扶贫工作的新动力、新模式、新方向！

扬起水稻产业现代化发展的科技之帆

——记优特水稻团队科技特派员

| 团队介绍 |

　　"稻花香里说丰年，听取蛙声一片"。在宁化县河龙镇等全省近10个乡镇，福建省农业科学院优特水稻团队科技特派员的彩绘稻米正香飘万里。2018年，为有效推动福建省水稻相关产业的规模化、产业化发展，让水稻新品种、新技术尽快走下基层、面向生产，水稻科技服务团队科技特派员应运而生。

　　该团队按照现代农业发展模式，将科技成果推向生产应用，他们将自主选育的优质、特色稻和观赏稻新品种及农业生产技术在各科技服务区域和试验点进行示范、推广，并通过在多处建立示范片，配套实施和培训栽培技术，加快农业科技服务步伐，不断提高农业生产力，增加农产品附加值，助企增效、助农增收，为乡村振兴事业作出了积极贡献。

全面推广优质、特色稻品种

　　2018年以来，优特水稻团队科技特派员以自育的优质、特色杂交稻新品种为核心技术，结合农业科技服务和精准扶贫，重点帮扶农业县建立优特稻新品种示范片，通过研究其在不同生态区的高产配套栽培技术，形成实用的高产配套生产技术体系。并分别在福建上杭、沙县、永安、将乐等地建立优质稻品种泰优2165、荃优212百亩示范片。

水稻科技服务团队专家指导农民水稻种植

同时，为了筛选出更多优质品种供生产应用和市场选择，他们还分别在沙县、顺昌、德化、宁化、大田、永泰等地开展优质稻荃优212、福元优676、福农优676、泰优2165、野香优航148、福农优9802及特色稻闽红两优727、紫两优737等品种的示范种植和筛选试验。目前，通过在全省开展优特稻品种示范推广，辐射带动周边地区，他们的新品种推广面积达已达11.6万亩，为农民和企业增收超过1 000万元，起到了良好的示范效果。

"北有张掖，南有建宁"。建宁是全国最大的水稻制种县，机械化是未来农业发展的主流方向。在建宁，他们针对杂交水稻制种母本插秧用工多、劳动强度大、成本高等问题，与当地企业协作研发出杂交水稻制种专用插秧机，总结出一套杂交水稻母本机插制种技术并进行示范推广。他们的品种和技术在建宁县溪口镇勤建农机专业合作社得到了很好地应用，合作社理事长黄勤建说："优特水稻团队从机器的调试、母本育秧以及配套的制种技术等，为我们进行了全方位的技术指导及培训，团队科技特派员的下乡帮扶，使我社的科技含量得到显著提升，经济效益有了质的飞跃。"

除了对口帮扶合作社，优特水稻团队还在建宁全县全面开展杂交水稻制种全程机械化服务，2018年累计服务面积3万多亩，占全县制种面积的20%左右，同年获得县社会化服务补助50多万元。同时，通过技术示范推广，2016—2018年建宁县全县合计推广制种母本机插技术16.3万亩，可增加社会效益1 618万元。在此基础上，团队开展通过技术培训及现场示范，截至2018年建宁县合计改造烤烟房2 322座、烘干种子4 000万千克，增加社会效益1 448万元。

深耕稻田彩绘、艺术稻示范推广

在宁化县河龙乡等全省多个乡镇，团队通过示范种植浅绿色、黄色、红色、黑色等彩色稻米，推广稻田彩绘艺术。团队专家们选用自育的色彩多样、既能观赏又能食用的水稻新品种，创制"画笔"，结合乡村休闲和农耕文化，助力乡村生态旅游。

在田块选择和图案设计的基础上，团队分别在适合的科技服务所在地设计制作大型稻田彩绘现场，2018年主要制作了沙县夏茂镇"振兴乡村，种业先行"、德化县杨梅乡"平安杨梅"、大田县济阳乡"灵动济阳"和"马力小镇"、宁化县河龙乡"河龙贡米"和"贡米之乡"、福清三华农业"福清"等字样的大型稻田彩绘艺术。在仙游县朗桥镇，他们融合当地特色乡村民俗文化、农耕文化，制作了一幅大型稻田彩绘民俗画。这些装裱在八闽大地的稻田画艺术，个个设计精良、图案精美，无不吸引路人驻足观看，形成了一道道亮丽的风景线，得到人民网、东南网等媒体争相报道，获得了较好的社会效益。

这些彩色稻品种在福建的推广应用顺应天时、地利，已在全省28个示范点遍地开花，除了继续在生态观光、休闲旅游上发挥作用之外，大型的稻田彩绘还对历史文化宣传、品牌推广和市场营销产生了积极影响。团队首席专家涂诗航说："在水稻科技服务团队的不懈努力下，我省的大型稻田彩绘基地从无到有，从小到大，图案由简入繁，发展迅速，获得了较好的宣传和示范效果，这让我们更加坚定稻田彩绘模式可进一步在全省全面推广"。如今，稻田彩绘这一集生态旅游、文化宣传、品牌推广于一体的有效载体，把优质稻与彩色稻的品种选育有机结合，与福建省优秀传统农耕文化、休闲文化融合，俨然成为水稻科技服务团队助力乡村振兴的一柄利器。

深入应用病虫害生态防治技术

生态可持续是现代化农业发展的前提和根本。优质、生态大米的生产必须有配套的生态栽培技术和病虫害防治方法，才能为水稻丰收奠定基础。为此，优特水稻团队科技特派员依托已建立的优质稻百亩示范片，同时进行农业病虫害的综合生态防治示范，大力推广生物防治与物理防治相结合的绿色防控体系。他们选取尤溪县的水稻示范点开展水稻迁飞性害虫趋避技术、水稻害虫天敌防控技术、水稻害虫行为调控技术等水稻绿色防控技术试验或示范推广，取得良好成效。

2018年，他们在尤溪县涪头村开展的烟后稻飞虱绿色防控示范，从插秧直至收获，在安装了飞虱绿色防控发明装置的稻田中，未有飞虱暴发情况发生，取得了较好的生态防控和示范效果，为该技术在种粮大户和农民的全面推广应用打下了坚实基础。

2018年，团队还派出4名科技人员作为个人科技特派员，对口服务沙县、永安、永定、宁化等地，定点帮扶优质稻品种的示范与推广。到目前为止，团队已与12家企业、农业合作社合作，团队成员到建宁、宁化、长汀、沙县等地科技下乡累计达600天以上，并通过电视媒体为农户种植进行远程技术指导，对农户开展了山区杂交水稻全程机械化制种技术、密集烤烟房烘干种子技术等多场专业技术培训会，培训人员累计达500人次以上，发放资料近400份，取得了良好的经济和社会效益。

古往今来，稻米不仅是福建，也是全国多数省份的主要粮食作物。在解决了温饱问题后，水稻科技服务的目标是让人们吃得更好、吃得放心，同时让田园变得更加美丽。新时代下，水稻产业乘着科技的风帆，已昂扬向前，从彩绘稻田到新品种艺术稻，回归农耕文明已有了新的方式，美丽乡村的画卷正在绘制。

守望乡土情结　铸就美丽乡村

——记乡村规划服务团队科技特派员

团队介绍

　　"绿树村边合，青山郭外斜"。春天的大田东坂村、万宅村在福建省农业科学院乡村规划科技服务团队的努力下，正散发着美丽乡村的蓬勃朝气。2018年春，福建省农业科学院全面启动科技服务团队全产业链服务工作，乡村规划科技服务团队由此成为福建省农业科学院助力全省乡村振兴的22个科技服务团队和全省首批团队科技特派员之一。

　　该团队由1位所领导挂帅担任首席专家，5位中层主任分别担任美丽乡村、农业产业、农业园区、经营主体、园林景观岗位专家，每个小组成员包括技术骨干和专业人员4～6名，形成了一支由25人组成的集团式、联动式科技服务团队。他们绘制美丽乡村蓝图、推动乡村振兴提速，他们的精神和创造活力正在八闽大地竞相迸发。

念好"山水经"高起点谋划

　　依托多年来持续开展的闽台农业、现代农业发展战略及农业产业经济、农业信息研究成果，乡村规划科技服务团队得以成立。团队首席专家郑百龙高级农艺师说，"我们希望能从规划的视角、专业的视角、服务的视角，深入田

间地头听取干部百姓们的意见，上下结合，为乡村振兴出谋划策"。这也成为这支团队科技特派员的服务理念和宗诣。

乡村规划科技服务团队在万宅村与村干部讨论美丽乡村规划方案

他们的理念首先在三明市大田县广平镇西北部的万宅村得到实践。万宅村周围群山环绕，内部流水潺潺，水资源极为丰富，被评为第三批中国传统村落，是福建省历史文化名村。在乡村振兴战略背景下，如何充分发挥资源优势，建设美丽乡村，实现产业蓬勃发展、村民致富增收，令村党支部和村委会焦虑不已，却又苦无良策。为此，乡村规划科技服务团队通过"望、闻、问、切"，因地制宜，彰显特色，借山借水，高起点编制了万宅村美丽乡村概念性总体规划，全面指导万宅村的美丽乡村建设，协助万宅村申报相关扶持项目，指导万宅村发展休闲农业和乡村旅游，辅导农庄设计休闲农业项目，发展民宿，促进农民增收。

此外，他们还在南平市光泽县山头村，因地制宜探索了适合该村的乡村振兴发展模式。山头村与江西省贵溪市西排村毗邻，水源充沛，耕地山林辽阔，路坝沟渠贯通，非常有利于水稻等农作物生长，资源资产禀赋优越。但偏隅一方的区位，使该村发展长期滞后。对此，乡村规划科技服务团队以农村集体产权制度改革为创新点，以优质绿色农产品生产为着力点，编制光泽县山头村乡村振兴发展规划，试点"资源变资产、资金变股金、农民变股东"改革新制度，探索"以产业为依托、以股份为纽带、以市场为导向"新模式，有效聚集各项发展要素，推动农业产业化发展，建设美丽乡村。该项规划还受到财政部、科技部、南平市委市政府领导的关注。

除了这些村落，一年来，乡村规划科技服务团队把握沿海、平原、山区乡村的多样性、差异性、区域性特征，以循环农业、创意农业、生态农业、低碳农业、绿色农业为理念，高起点规划并全程辅导了闽清县南坑村、莆田市后黄村、连江县长龙镇、大田县东坂村、连城县姚坊村等十多个美丽乡村的建设，形成了一套可复制和可借鉴的美丽乡村建设模式。

打好"文化牌"　增加文化内涵

规划先行，还需理念跟进。乡村规划科技服务团队通过留住乡愁、建设文化阵地、激活民俗文化、培育乡风文明等方式，唤醒文化文明记忆，增加乡村文化内涵，让农民既能"口袋鼓"又能"脑袋富"。

在大田县桃源镇东坂村，由于长期以来经济落后、文化缺乏、收入低下、扶贫任务艰巨。但东坂村却是一座藏

在高山深处的畲寨，文化资源优越，在乡村规划科技服务团队的指导和帮助下，东坂村借助古村、古树、古堡、古庙、古厝等旅游资源，打好"文化牌""民族牌"，助力乡村发展，打造出特色文化民宿20多间，目前年民宿营业收入近8万元，养生餐厅和休闲茶屋收入10万余元。他们还帮助东坂村以"众筹"方式打造游客服务中心、畲族文化展览馆、畲药科普园、夜间乡土照明，改造93座民房，修缮了巫氏大夫第、刘氏大厝和林氏祖房共3座祖厝，借此打造出"福建省最完整的木屋村落"，东坂由此成为大田县美丽乡村生态发展的样板。

在南平建瓯市百年矮脚乌龙茶园，为解决茶树枯死难题，让百年老树重新焕发生机，继续发挥闽台茶文化交流载体的使命，乡村规划科技服务团队专门组织邀请专家进行会诊。针对乌龙茶加工技术问题，团队还举办了乌龙茶加工技术培训班，邀请专家为农业企业、合作社、家庭农场大户等培训乌龙茶初精制加工工艺，推广应用韵香型红乌龙茶加工技术，每亩可实现增收500～600元。

此外，乡村规划科技服务团队还指导大田县万宅村修建银杏文化公园、纪念先贤·余成观，再现了该村历史上的文化名人、村史乡贤的文化印记，激发村民的文化认同和对乡愁的文明记忆，吸引大量游客前来观光旅游。

培育新业态　增强造血功能

现如今，乡村振兴、精准扶贫已由传统"输血"变身为"造血"模式，乡村规划科技服务团通过产学研的深度结合，实现了对贫困户从"输血"到"造血"角色的转变。他们在大田县东坂村引进2个优质稻品种，帮助东坂村打造富硒大米品牌，协助完成质量安全（QS）产品论证，辅导东坂村建设科技示范基地，引导5个建档立卡贫困户参与大米种植、生产。目前，东坂村年产富硒大米7.5万千克，售价5～8元/千克，年产值100多万元，同时建设罗汉果订单农业基地100多亩，有效带动了当地农民增收致富。他们辅导的5户贫困户全部实现了脱贫。

他们还协助福建省鑫荣生态农业开发有限公司制定山地鸡管理规程，为福建天天源生态农业开发有限公司银耳系列功能食品销售提供方案，完成莆田市城厢区桂圆产业园发展规划，并指导12个新型经营主体推广优质稻+蔬菜、稻鸭、林下鸡等高效种养模式，实现绿色生态种养。他们在莆田市后黄村引导村民种植了草莓、番茄、圣女果和各种时令蔬菜，结合农家乐、休闲采摘、共享经济、定制农业等新业态，年人均纯收入13 000元以上。

美丽乡村需要农业生产方式绿色化，农业绿色发展不是原始意义上的生态农业，而是由高技术武装起来的现代生态农业。团队组建以来，他们为大田县乌山头农业休闲观光有限公司提供休闲观光规划设计、农业生产、药材品种选择的具体建议，引进葛根、金银花和枸杞等适宜生产中药材品种；在漳平市金兴园艺发展有限公司推广应用环保型基质，利用农业固体废弃物作为无土栽培基质，解决基质来源困难，有效降低生产成本；为福州市万牧农业发展有限公司引进油橄榄新品种替代低产油茶，解决油茶园

低产问题；为大田广平镇五龙山茶园创立"五龙山"茶叶品牌；组织推广东方美人茶生产技术规范面积3 000亩，每亩增收2万元，总推广示范区增收6 000万元。

一年来，乡村规划科技服务团队以科技特派员身份共为25家企业提供品种信息，引进蔬菜、经济作物品种15个，种植管理技术6项，提供产业发展急需的相关专利及文献资料10多份，共计7万多字；为联系的5家企业的10余种农产品加工品提供"6·18"成果交易会展示机会；为福建山瓜瓜农业发展有限公司联合申报县科技项目1项，帮助其设计宣传方案并在省级期刊刊登广告1期；为20家新型经营主体，开展业务培训12次、550人次，产生良好的社会和经济效益。

"无山不绿，有水皆清，四时花香，万壑鸟鸣，替河山装成锦绣，把国土绘成丹青。"美丽乡村的蓝图已经绘就，科技服务团队追梦唯有笃行。

发挥数字科技优势　服务特色现代农业

——记科技干部培训中心法人科技特派员

|团队介绍|

　　法人科技特派员制度是以企事业单位为整体，进行产学研合作的制度，其具有科技实力雄厚、人才高度聚集、整体攻关力量较强等优势。

　　2017年，福建省农业科学院科技干部培训中心（数字农业研究所）被选任为福建省法人科技特派员。两年来，该所发挥数字农业科技优势，逐步探索出科技特派员集团服务模式，推动农业物联网、农业信息化、水肥一体化、设施农业智能控制、现代农业园区规划、农业地理信息科技与农业生物技术的深度融合和集成示范，取得良好成效。

聚焦主业，助力乡村产业振兴

　　2017年来，福建省农业科学院数字农业研究所聚焦福建省发展特色现代农业的"十个千亿元产业"和"五千工程"，实施数字农业法人科技特派员工作。着力为福建省蔬菜、水果、茶叶、畜禽、食用菌、乡村旅游、乡村物流等千亿元特色产业，以及"一村一品"特色产业示范村、优质农产品标准化示范基地、农产品产地初加工中心、"三品一标"农产品和省级农业产业化龙头企业，提供农业物联网、农业信息化、水肥一体化、设施农业智能控制、农产品质量安全溯源、农业生产信息自动采集与智能控制等方面的科技服务，促进新型农业经营主体对接应用数字农业技术，加快数字农业与生物农业的融合发展，催生新业态，培育新动能。

数字农业研究所设计的机器人可实现设施农业智能巡查

　　2017年，数字农业研究所成功帮助南平市光泽县的丰圣农业创立番茄"傅小西"品牌，结出了"互联网+智慧农业"的"果实"。他们开展科技帮扶的三明市建宁县绿源果业、南平建瓯市兆辉智慧农场的早熟梨，成为厦门金砖会晤的指定食材。2018年，数字农业研究所帮助浦城大米、建宁黄花梨，登上了央视"国家品牌计划"扶贫公益广告，同年10月，福建广电集团"新闻启示录"对此做了专题跟踪报道。此外，法人科技特派员还提升了河龙贡米、浦城大米等品牌影响力和知名度，并使大田县济阳乡成为乡村旅游AAA级景区。

　　两年来，数字农业研究所依托法人科技特派员制度，为武夷纯然、农鼎检测、丰圣农业、三禾米业、联农合作社等企业，开展"互联网+生态食品"质量安全追溯、设施栽培、"慧农信"等技术培训，在17家企业建立技术示范，协助创建地域品牌。为了破解农产品生产与销售信息不对称难题，他们探索出数字农业科技助力农民增收新路径。在光泽县崇仁乡洋塘村，数字农业研究所协助三禾米业公司，建立互联网+社区支持农业400亩示范基地，成功开发了生态大米认养运营平台、光泽生态食品+互联网产业平台，促进现代信息技术与生态食品产业链的深度融合，实现生产过程智能化、产业管理数字化、产品销售网络化、产业服务在线化，是现代智慧农业新发展模式的典型样板。

服务光泽，探索数字农业整县推进

　　南平市光泽县是数字农业研究所法人科技特派元重点帮扶的贫困县，两年来，数字农业研究所围绕光泽县建设中国生态食品城战略，扎实探索"数字农业整县推进"科技扶贫模式，实施"互联网+生态食品产业链关键技术开发应用"重大科技项目。经过两年的研发建设，数字农业研究所构建了生态食品生产可视化系统、产品流通信息管理系统、生态食品产业公共服务平台、生态食品质量安全溯源管理系统、农业物联网应用系统；在县农产品检测中心建成"光泽生态食品产业链信息服务平台"，成功覆盖

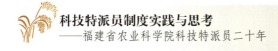

水稻、畜牧、水产、蔬果、茶业、中药材、物流七大产业18个示范点，实现了产业决策、生产管理、产品流通、技术服务的全程信息化。

在光泽县，数字农业研究所还帮助福建武夷纯然发展公司，在生态农产品直供基地、仓储基地和物流系统，建立可视化的农业物联网、车联网，与光泽生态食品+互联网产业平台互联互通，让消费客户直观了解生态食品的安全生产、仓储运输情况。在光泽县止马镇仁厚村，数字农业研究所法人科技特派员帮助该村联农农业合作社，建立基于农业物联网的优质稻生态种植基地600亩、稻花鱼示范基地160亩，促成永辉集团与合作社达成2019年直销160亩稻花鱼合作协议。

在做好科技特派员服务工作基础上，数字农业研究所发挥技术、成果、人才等优势，帮助光泽智慧农业重大专项、特色生态食品VR开发等项目，累计获得立项资助经费1 448万元。为迎接第二届数字中国峰会在福州召开，2019年4月4日，东南网"数字的力量"专题，以福建省农业科学院光泽科技扶贫为原型，以《福建加快数字农业建设传统农业有"智慧"》为题做了开篇报道。

2019年4月21日，光泽县生态大米新零售渠道对接会在福州举办，现场签约认养农业物联网全程监控生态大米309亩，占示范基地面积77%，光泽县生态大米生产商三禾米业公司，与渠道商福建村兴供应链公司、陕西金疙瘩电商公司，签署产销对接新零售战略合作协议，标志着法人科技特派员制度探索的互联网+社区支持农业的新发展模式，在中国生态食品城光泽县正式运行。

方式创新，提升科特派集团服务实效

两年来，数字农业研究所针对福建特色现代农业发展需求，依托法人科技特派员，结合本单位获省级认定的智慧农业、数字农业、设施农业、彩绘农业等6个团队科技特派员，推动科技服务从"单人单点"向"集团联动"转变，牵头联系有关科研院所、科技企业，组建科技特派员服务集团和科企创新联盟，实施数字农业技术、现代生物技术的集群服务，促进智慧农业与特色现代农业的融合发展。

在光泽县，福建省农业科学院数字所邀请院生物所、质标所、作物所、茶叶所、生态所、水稻所，以及省淡水所、新大陆集团、福建海智信息公司、闽晟勘测设计公司等单位，实施科技特派员的集团服务，帮助光泽县建成中国生态食品城业务运营平台和县农产品检测中心。在仁厚村的联农合作社，围绕稻花鱼产业链，开展数字农业、生物农业等科技集团服务，组织优质稻、淡水鱼、红萍养殖、生物发酵、农业地理信息、数字农业、优质西瓜、水果玉米、魔鬼辣椒、观赏花卉、市场营销等领域的专家团队开展科技服务，为160亩稻花鱼直销市场集团福州超市提供科技支撑。

此外，数字农业研究所还着力探索"快响应、广覆盖"科技特派员精准服务模式，把科技特派员机制向农业全产业链各环节延伸，借助科技特派员网站、慧农信、呼叫中心、远程培训等信息化平台，为光泽、大田、云霄等

重点服务县的新型农业经营主体，发展粮食、果蔬、食用菌、中药材、茶叶等产业。提供新品种引进、新技术推广、新成果转化、安全溯源、产销对接等方面科技服务，打破"一人一村、一人一企、一人一基地"的定点服务局限性，实现科技特派员集团服务的信息共享，满足各地发展特色现代农业技术需求，有效助力三产融合和乡村产业振兴。

　　截至目前，数字农业研究所在全省开展的农村实用技术远程培训，已累计惠及900万人次，通过中国-以色列示范农场常年接待来访者近2 000人次，向"一带一路"沿线播撒了科技"种子"，提高了新型职业农民的科学种田与经营管理水平。基于农业地理信息的田园周年彩绘关键技术，数字所在全省建立了近50个示范点，有效助力种业创新工程建设。凭借数字农业优势，数字农业研究所法人科技特派员集团正以最先进的科技和理念，为福建特色现代农业建设贡献着智慧和力量。

化肥减施增效：让科技点燃绿色农业之光

——记土壤肥料研究所法人科技特派员

|团队介绍|

　　自以企事业单位为整体的法人科技特派员制度创建以来，福建省农业科学院土壤肥料研究所聚焦产学研深度融合机制，深入推进科企服务、科技下乡，2017年组建了由业务骨干组成的法人科技特派员。他们以福建省化肥减施增效与绿色增产为引领，提出上游服务种养结合、有机废弃物资源化利用，中游构建化肥减施增效，下游促进绿色农产品供给的技术服务体系，为福建省的乡村振兴事业提供了强有力的科技支撑，他们也通过技术服务，不断为实现绿水青山的美丽福建而保驾护航。

创新绿色替代技术　实现化肥减施增效

　　化肥减施增效与绿色增产技术不仅是绿色农业发展的抓手，也是生态文明建设的要求。为了推动福建农业步入生态化、绿色化、现代化发展轨道，土壤肥料研究所通过创新绿色替代技术，让化肥减施增效的愿景真正落在田间大地。他们集成创新了紫云英与水稻高留茬协同还田、果茶园绿肥（自然生草）周年间作套种模式等技术，重点推

广自主选育的绿肥（闽紫5号、6号及7号）品种。其中，闽紫鲜草产量可达2 000～3 000千克/亩，翻压肥田的肥效相当于5～8千克纯氮，即每亩可少施尿素10～15千克，是干净卫生的绿色有机肥。2017—2018年，他们选育的闽紫品种在全省每年100万亩绿肥推广面积中，供种量均占市场采购份额的70%以上。

土壤肥料研究所科技特派员在察看"肥药双减"实施情况

　　这项以新品种进行果园套种绿肥的模式不仅受到市场追捧，还得到媒体广泛关注。2018年4月8日，人民网以《福建示范化肥减量增效"藏果于地"新技术促农业绿色发展和质量提升》为题对该技术模式进行了详细报道；2018年11月1日，《福建日报》还以《修复土壤，有机肥"C位出道"》为题进行专版报道。此外，福建电视台、今日要讯等多家媒体还报道了团队助推福建省柑橘产业减肥增效、绿肥有机替代助力水稻减肥增效等相关内容。

勇于攻坚克难　助力农业绿色发展

土壤肥料于作物而言，是苗壮成长必不可少的因素，但既要保证作物丰收，又要实施现代生态种植，则面临着诸多难题。为此，土壤肥料研究所法人科技特派员团队结合自身优势，帮助地方、企业、农户解决了8项技术难题，包括：为解决设施大棚土壤容易出现土传病害、土壤酸化及次生盐渍化等连作障碍，他们在福州市长乐区建立了福州体量最大的椰糠基质栽培番茄技术基地；为解决当前福建柑橘果园绿肥生物量低、竞争力弱、难以成为优势草种等问题，他们在顺昌县双溪街道余墩村建立了220亩柑橘果园冬季套种、夏季自然生草模式等。

此外，为解决柑橘果园过量、盲目施肥导致土壤肥力失衡、果实品质下降等问题，他们建立了"有机肥＋配方肥""有机肥＋水肥一体化""绿肥＋酸化改良"及"自然生草＋绿肥"四种技术模式，这些模式仅在平和蜜柚果园的推广应用便达到有机肥增施20%、化肥减施20%、土壤有机质增加5%的目标，并使蜜柚质量安全均达到国家食品安全标准。

这些年来，土壤肥料所法人科技特派员团队还先后向宁夏自治区彭阳县等各级政府、企业提交6项咨询报告、产业规划，其中，"闽宁农业协作新机制调研报告"为福建与宁夏通过科技服务、协作推进农业发展产生了积极的示范效果。同时，团队参与的"福建省化肥减量增效技术模式集成与推广"项目，在全省粮果茶菜等作物中累计推

广应用达2 365万亩，项目带动增产22.1亿千克，新增总产值54.3亿元，新增纯收益41.3亿元，总经济效益达到25.9亿元。

创建服务新机制　实现典型引领带动

两年来，土壤肥料研究所法人科技特派员团队根据科技帮扶的需要，先后探索出四种服务新模式：一是以柑橘、茶叶有机肥替代化肥为代表的整县推进服务模式，这种模式在平和、顺昌、武夷山和福鼎等县市得到实践，他们建立了120个监测点、60个示范片，新技术辐射推广面积达5万亩。二是以设施农业水肥高效管理为代表的科技示范基地服务模式，2019年3月21日，该模式还得到《福建日报》关于《无土栽培：从科技展示到产业实践》的专版报道。三是以紫云英绿肥品种实施许可为代表的技术转让服务模式，他们通过与福建闽紫种业有限公司合作，以绿肥为基础，开发"绿肥+"产品，通过连续种植紫云英、秸秆高茬还田、稻-鸭等生态种养技术，提升稻米品质与品牌，并在沙县夏茂等地开展实践应用。四是以驻村带动产业发展为代表的小农户脱贫服务模式，团队中的成员张辉副研究员还有另一个身份：省级贫困村——屏南县长桥镇柏源村驻村第一书记。张辉通过将科技下乡、产业扶贫，2018年带领该村32个贫困户实现脱贫致富。

此外，该所还以法人科技特派员创建了"十步工作方法"科技服务工作机制：开展调研、明确服务主体、示范基地建设、简比试验、过程指导与跟踪、现场观摩、咨询报告、联合申报项目、宣传报道及工作日志等，逐步使团队的整体科技服务工作实现规范化、系统化。由此，团队也脱颖而出多个科技服务典型，如2018年11月，团队岗位专家林琼副研究员在宁德市科技特派员推进工作视频会上作的"尽己所长，为现代农业发展尽绵薄之力"典型发言，通过多个典型带动，树立了榜样力量，从而提高团队整体科技服务质量。

"推动福建化肥用量零增长，推进福建农业绿色发展"是土壤肥料研究所法人科技特派员团队开展科技服务的宗旨，也是团队成员对科研事业的追求。在全国奋力实施乡村振兴战略和精准扶贫的当下，他们相信：打赢蓝天、碧水、净土保卫战，必将大有可为！

图书在版编目（CIP）数据

科技特派员制度实践与思考：福建省农业科学院科技特派员二十年/余文权主编．—北京：中国农业出版社，2020.11(2021.3重印)

ISBN 978-7-109-27342-9

Ⅰ.①科… Ⅱ.①余… Ⅲ.①农业科技推广–专业技术人员–先进事迹–福建 Ⅳ.①K826.3

中国版本图书馆CIP数据核字（2020）第178375号

中国农业出版社出版

地址：北京市朝阳区麦子店街18号楼
邮编：100125
责任编辑：司雪飞 郑 君
版式设计：杜 然 责任校对：刘丽香
印刷：北京通州皇家印刷厂
版次：2020年11月第1版
印次：2021年 3月北京第2次印刷
发行：新华书店北京发行所
开本：880mm×1230mm 1/32
印张：5.25
字数：125千字
定价：96.00元

版权所有·侵权必究

凡购买本社图书，如有印装质量问题，我社负责调换。

服务电话：010－59195115 010－59194918